游戏动漫设计系列丛书 丛书主编 ⊙沈渝德 王波

游戏动漫CG插图设计与制作

乔 斌⊙主 编 陈 惟⊙副主编

西南师范大学出版社
国家一级出版社 全国百佳图书出版单位

图书在版编目（CIP）数据

游戏动漫CG插图设计与制作 / 乔斌主编. — 重庆 :
西南师范大学出版社, 2015.8
（游戏动漫设计系列丛书）
ISBN 978-7-5621-7319-9

Ⅰ. ①游… Ⅱ. ①乔… Ⅲ. ①三维动画软件 Ⅳ.
①TP391.41

中国版本图书馆CIP数据核字(2015)第181854号

游戏动漫设计系列丛书　丛书主编 沈渝德 王波

游戏动漫 CG 插图设计与制作

乔 斌 主 编　陈 惟 副主编

责任编辑：谭玺
封面设计：仅仅视觉
版式设计：王石丹
出版发行：西南师范大学出版社
中国・重庆・西南大学校内
邮编：400715
网址：www.xscbs.com
经　销：新华书店
排　版：重庆大雅数码印刷有限公司・张艳
印　刷：重庆长虹印务有限公司
开　本：889mm×1194mm 1/16
印　张：8.75
字　数：213 千字
版　次：2016 年 9 月 第 1 版
印　次：2016 年 9 月 第 1 次印刷
书　号：ISBN 978-7-5621-7319-9

定　价：48.00 元（配光盘）

游戏动漫设计系列丛书

丛书编审委员会

PREFACE 序

近年来，随着科学技术的发展和现代社会的进步，数码媒介与技术的蓬勃兴起使得相关的艺术设计领域得到了迅猛的发展并受到了广泛的关注。近十年来，我国的游戏产业迅猛发展，正在成为第三产业中的朝阳产业。数字游戏已经从当初的一种边缘性的娱乐方式成为目前全球娱乐的一种主流方式，越来越多的人成为游戏爱好者，也有越来越多的爱好者渴望获得专业的游戏设计教育，并选择游戏作为他们一生的职业。同时，随着数字娱乐产业的快速发展，消费需求的日益增加，行业规模不断扩大，对游戏设计专业人才的需求也急剧增加。

从我国目前游戏设计人才的供给情况来看，首先，我国从事游戏产业的人员大多是从其他专业和领域转型而来，没有经历过对口的专业教育，主要靠模仿、自学、企业培训以及实践经验积累来提升设计能力，积累、掌握的设计方法、设计思路、设计技术也仅限于企业内部及产业圈内的交流和传授。其次，我国开设游戏设计专业的高校数量较少，目前在全国重点艺术院校中开设游戏设计相关专业方向的仅有中国美术学院、四川美术学院、中国传媒大学、清华大学美术学院（第二学位）、北京电影学院等少数几所，游戏设计专业课程体系的建立以及教学内容的完善还处于摸索、积累、完善的阶段。作为游戏产品的关键设计内容以及艺术类院校游戏设计专业核心教学内容的游戏美术设计，更是迫切需要优化课程板块，梳理课程内容，依托专业基础，结合设计开发实践经验与行业规范，形成一套相对系统、全面，适应专业教学与行业需求的系列教材。这套游戏动漫设计系列丛书，正是适应这一需求，为满足专业教学实践而建构的较为完整、全面的主干课程教材体系。

游戏产品的开发环节和开发内容主要包括游戏策划、游戏程序开发以及游戏美术设计，策划是游戏产品的灵魂，程序是游戏产品的骨架，而游戏美术则是游戏产品的“容颜”，彰显着游戏世界的美感。游戏美术设计的内容和方向主要包括游戏角色概念设计、游戏场景概念设计、三维游戏美术设计、游戏动画设计、游戏界面（UI）设计、游戏特效设计等。本套教材完整包含这些核心设计内容，内容设计较为合理完善，对于构建专业教学课程体系具有较高的参考价值与实用意义。同时，本套教材的作者均来自于专业教学及产品开发第一线，并且在教材选题阶段就特别强调了专业性与规范性，注重教材内容设计、内容描述的条理性、逻辑性以及准确性，并严格按照行业规范进行了统筹安排。

随着市场竞争的加剧，产品同质化突显，游戏产业对游戏设计专业人才的需求在质量上提出了更高、更严的要求。企业和研发机构将越来越看重具备复合性、发展性、创新性、竞合性四大特征的高级游戏设计人才。通过广泛调研以及近年的教学实践和教学模式探索，我们就当前高级游戏设计人才的培养必须具有高创造性、高适应性、高发展潜力，具有国际化的视野和竞合性，既要具有较强的产品创新与设计创意能力，又要具有较强美术创作实践能力方面达成了共识。为了体现这一共识，本套教材中的教学案例基本来自于作者的教学或开发实践，并注重思路与方法的引导，充分展现了当前的最新设计思路、技术线路趋势，体现了教学内容与设计实践的紧密结合。

从以上几个方面来规划和设计的游戏专业教材目前比较少，而游戏设计专业的教学和实践开发人群都比较年轻，虽然他们对于教材相关内容都有着自己的研究、实践和成果积累，但就编写教材而言还缺少经验，需要各位同行和专家提供宝贵的意见和建议，不吝加以指正，以便进一步改进和完善。尽管如此，我们依然相信这套教材的出版，对于游戏设计专业课程体系的建设具有非常积极的推动作用和参考价值，能够使读者对游戏美术设计有一个系统的认知，在培养和增强读者的游戏美术设计能力、制作能力、创意创作能力方面提供重要的引导和帮助。

沈渝德　王波

FOREWORD

前言

本书是一本帮助初学游戏美术的同学踏上游戏美术设计之路的指南，也是一本可以使他们在不同学习阶段随时查阅的“手册”，从认识工具到了解软件，从基础绘画到设计入门，一步一步地让学习者掌握不同层次的所求所需。它不是一本枯燥的教材，而是一本生动的读本，语言简洁，图文并茂，案例鲜活，从人物到场景，涵盖面广，融合了不少一线的教学和研究成果，同时每章还配备了针对性强的练习和思考题，可以说是目前高校教材中实用性较强的一本。

本书的章节，从概念、技术、理念三个层次来讲解如何破解游戏插画制作中的难点，让一个即使美术基础不怎么好的同学也可以顺利地承担各种游戏原画的制作任务，它绝对不同于市面上一般的有经验的CG工作者写的那些千篇一律的Photoshop着色办法，或者是那些泛泛而谈的所谓的教材系列。它是一本内行写的书，是一本非常独特、有个性的CG教程。它大胆地写出了那些专业人士在制作中所用的不愿公开的办法，讲述作为专业人士应该具备的一些心理素质和思考问题的方式。通过对这些技法的学习，你能够很快地把自己的心态由业余过渡到专业。在专业的创作心态下，那些为了生计而烦恼的插图人马上可以抬起头来堂堂正正地成为高手，前提是你要相信你的能力与决心。本书作者给出了很多独到的见解供读者参考，比如如何对待同行，如何调整自己的心态，等等。可以说这是一本囊括了游戏美术方方面面的具有很高参考价值的图书。

只要你读完这本书，并且达到书中的要求，你就掌握了成为一个成功的游戏美术设计师的基础，你所需要的，仅仅是变化题材地做着各种练习而已。

在本书的写作过程中，得到了广大的一线教师和创作者的支持，在这里表示深深的感谢。

目录

CONTENTS

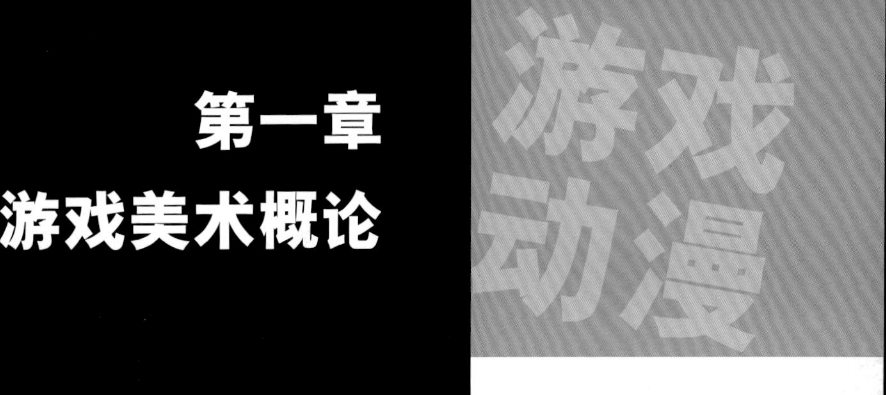

第一章
游戏美术概论

第一节 游戏美术设计的主要形式

图1-1

CG原为Computer Graphics的英文缩写，电脑绘图或者设计都称为CG。如图1-1展示了CG创作者使用数字绘画工具进行创作的场景。

在游戏美术设计里我们只需要做到科学地使用手中的输入设备，就可以实现整个过程的操作，这种数码化的创作手法大大地降低了游戏美术设计的成本。所以在游戏原画的教学中，我们强调将CG作为主要的一种教学方式。

如果一定要将我们所处的这个电脑时代用一个词来概括，我们首先能想到的就是“数码”。从19世纪的工业革命到20世纪初的计算机发明，人类已经确实地走到了一个“数码化”的时代。在这个时代里，读图成为人们认识世界的一种方式，所以我们将之称为读图时代。

由于科技的进步和人们生活节奏的不断加快，人类认知事物的方式发生了革命性的改变。法国作家吉斯·黛布雷曾经提出这样的理论：“通过媒体，可以用三个时期对人类社会进行说明，即书写时代，印刷读图时代和视听时代。”

进入读图时代，本身就是科技进步的表现。印刷业的发达，文化教育的普及，报纸杂志等平面媒体数量的激增，彩图增多，电影、电视、录像、网络中的图像与视频等就更多了，这些都是催生读图时代来临的原因，这些事物在早期人类科技落后时期是不可想象的，各种新兴传播媒介的兴起，决定了我们需要有新的认识传媒的方式。

在这个个性张扬、标新立异的地球村时代，网络的发展造就了我们最新的交流方式。网站的兴起、网络平台的建立以及新兴实时通信工具的出现，都宣告着人们对网络的依赖已经成立，那么在网络中形成的以图像为主的交流方式自然而然地被越来越多的人接受。

现在人们不是更多地阅读文字，而是更多地观看动画、电影中连续变化的影像，在浏览网页上形形色色的图片，在翻着手中一沓沓的漫画书，在用眼睛和感觉来不断观察着这个图像组成的世界。人们生活在一个被图像包围的世界，连城市中的文字招牌也越来越倾向于图像化，一切现象都在宣告着读图时代已经来临。

图1-2 现在的人们都在工业化和信息化的社会交互模式下变得匆匆忙忙

在这个读图的时代，一些新兴的艺术形式开始流行起来。首先，动漫已经成为人们认识世界的一种方式。没有人会一直抱着传统的文化形式不放。大家会喜欢有个性的、有个人主义色彩的文化作品。所以未来中国的动漫市场是属于“90后”的。因为市场是由人的消费观念决定的，只有新兴的人类才真正具备全新的消费观念。在以动漫为背景的大文化趋势下，动画、游戏作为新兴的创作形式蓬勃发展。传统的手绘艺术创作似乎已经不再适应快速更迭的图像需求，CG即电脑绘图，作为传统艺术到读图时代的替代品已经在商业美术的各个创作领域内成为主流。

图1-3

而以CG为主要创作形式的游戏美术则成为目前商业绘画专业学生的主要就业方向，如图1-3。

电子游戏被称为第九艺术。从事电子游戏原画不仅是现在大多数动漫设计师的梦想，也被视为当今最为时尚的职业之一，而目前国内网络游戏市场日益壮大，被称为第九艺术的游戏也逐渐登上了大雅之堂，这就为CG插画师提供了一个很广阔的舞台。CG插画师能在游戏设计中担任原画设计、宣传设计等重要视觉设计工作。

一个平面设计专业的毕业生，参加工作的平均月薪为800元，而一个游戏原画专业的起薪是每月2000元。一个环艺专业的学生需要各种资质认证才可以独立地承担设计项目，而游戏原画专业的学生从业的门槛就明显低很多。3年内成为主管甚至自主创作的游戏原画专业的毕业生都大有人在。

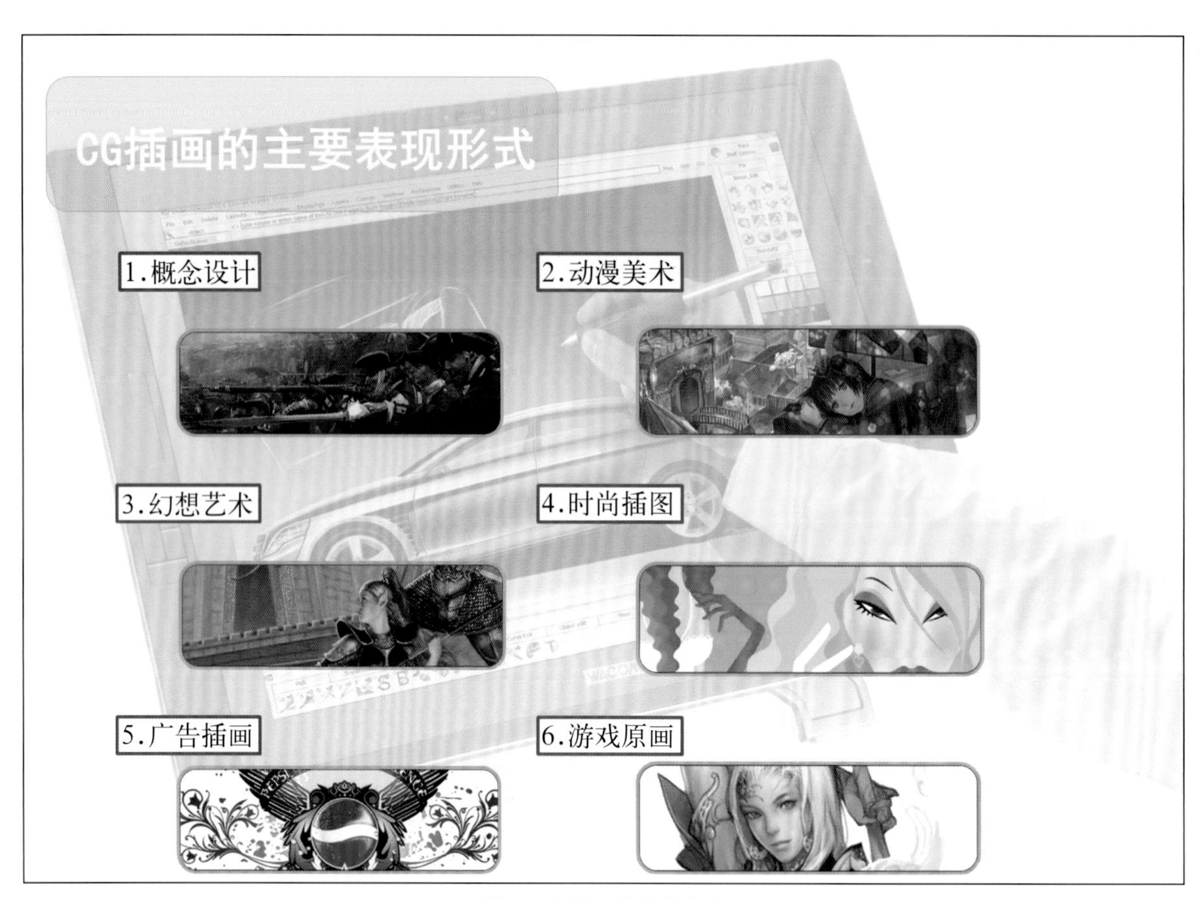

图1-4 CG插画的常见类型

从数字插画专业设立以来，不到10年，几乎所有的商业美术领域都被CG联系到了一起。

在现在这个时代，只要在商业美术领域工作，都得掌握数字插画的相关技法。

游戏产业经过数十年的发展，已经初步形成了工业化的模式。各种类型的游戏开发都离不开游戏美术设计与动画设计，而能承担此项工作的科学作业方式就是CG。从前期设计来讲，游戏设计可以分为人物设计、怪物设计、服装设计、道具设计、场景设计等。

特别是近几年来，网络游戏产业在中国创下了年利润高达数十亿元的奇迹，也为国内的美术从业人员提供了更多的就业岗位，仅成都就聚集了上千家的网络游戏公司，开发了包括手机游戏在内的成本不一的大小网络游戏。2012年，中国游戏市场实际销售收入602.8亿元，其中客户端网络游戏市场实际销售收入451.2亿元，占全部游戏市场规模的74.9%；网页游戏市场实际销售收入81.1亿元，同比增长46.4%；移动游戏市场实际销售收入32.4亿元，同比增长90.6%，游戏产业迎来高速发展期。此外，2012年，全国共有超过40家企业的177款原创网络游戏进入海外100多个国家和地区。整个电影、游戏、电子通信、数字娱乐业在21世纪的大发展与CG产业的发展是一个互为推动的双向动力。在1997年之前游戏业的产值只有整个电影工业的一半，但是到了2000年，游戏业已经大大地超出了全球电影工业的总产值。

当然，如果你不懂得CG制作，那么这个岗位就会属于别人。现在让我们来看看CG插画具体分为哪些常见的类型，见图1-4。

因为书的篇幅有限， 我们只讲讲与游戏关系比较密切的概念设计与游戏原画。

首先我们来讲讲概念设计。

概念设计，全称电影前期美术概念设计，英文：Concept Art。

图1-5

概念设计即利用设计概念并以其为主线贯穿全部设计过程的设计方法。概念设计是完整而全面的设计过程。如图1-5，它通过设计概念将设计者繁复的感性和瞬间思维上升到统一的理性思维，从而完成整个设计。如果说概念设计是一篇文章，那么设计概念则是这篇文章的主题思想。

图1-6

概念设计是CG行业一个重要的分支，在这些年里它出现的一个新变化，即概念设计已经不仅仅支持影视业，在游戏业中也得到了广泛发展。图1-6就是中国北方最大的游戏公司——完美时空开发的笑傲江湖的开场动画。类似这种具有电影级别观感的游戏制作在行业里开始逐步盛行，由此牵动的概念设计业也逐步被带动起来。

我们再来看看游戏原画或者称为游戏美术。游戏原画特指以游戏的内容进行计算机二维创作绘画或手绘制作，并以绘制的设计为基础在后期工序中用三维软件创建虚拟实体，经编程人员努力，最终成为游戏的一部分。游戏原画设计是把概念设计的内容更加具体化和标准化，为后期的游戏美术制作提供标准和依据。

游戏原画分为场景原画、设定原画、CG封面原画三个方面。

图1-7

图1-8

图1-9

图1-10

图1-11

游戏场景原画——指按游戏文本设定场景内容或自我拟定创作内容，以作者对叙述内容的理解，发挥作者的创意思维绘画出游戏场景，如图1-7。

游戏设定原画——指按游戏文本设定内容或个人想法对特定事物进行发挥创作绘画。对动物（怪物）的创作想象，如图1-8；机械的创作想象，如图1-9；装备或饰品、武器的创作想象，如图1-10。

游戏CG封面原画——指以游戏文本或以原画的设定为依据进行封面绘制，一般在游戏中会作为过场画面或游戏宣传封面，如图1-11。

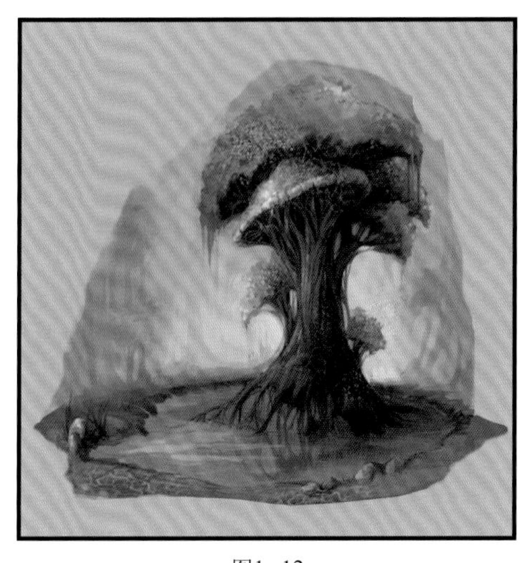

图1-12

图1-13

图1-14

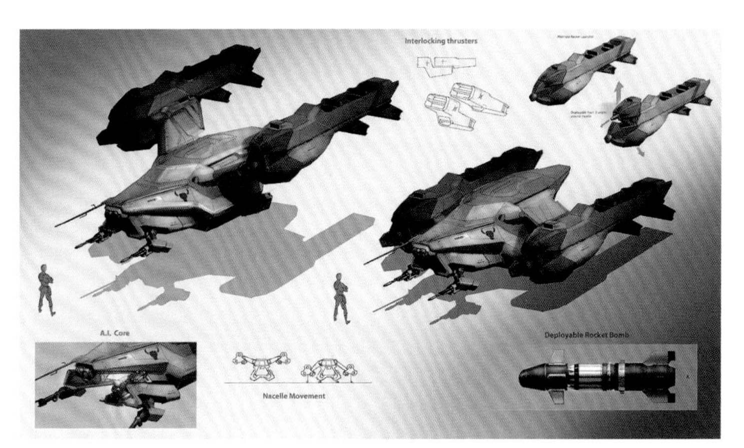

图1-15

在具体的设计上又可以进行更加专业化的细分。比如，游戏场景设计可以分为自然景观设计（如图1-12）、雕塑设计（如图1-13）、房屋建筑设计（如图1-14）、交通工具设计（如图1-15）等。只不过这样的划分是根据具体的工作分工而定。

随着电脑技术的普及与网络的推广，越来越多的游戏原画师把创作载体由传统纸面转移到电脑软件，结合视觉审美、绘画功底及天马行空的想象力，运用软件优势创作出各种新奇的设计及绘画作品。CG艺术于20世纪90年代在中国出现，正式普及并广泛推广是在2002年左右。当今原画潮流盛行，中国已涌现出大量优秀游戏原画设计师，并在国际上获得各种大赛奖项，为中国原画概念艺术在国际上的地位奠定了基础。

最后，和我们本书中最为密切相关的就是游戏美术和概念设计。两者在具体的工作中会有大量的交集，熟悉并掌握其基本的工作范围对游戏设计专业学生学习会有不少的帮助。

第二节 游戏美术的商业性质

文艺复兴以来的一系列大师，包括意大利文艺复兴大师米开朗琪罗、达·芬奇、拉斐尔等，他们的作品都是叙述性的壁画，讲的都是宗教故事，采用的方式也是委托创作，和名画《最后的晚餐》一样，这是否能说明他们仅仅是插图画家呢？

游戏美术到底是什么？从本质上来讲，我们可以简单用商业美术来对其进行概括。但是，如果带着庖丁解牛的探索精神，你会发现，所谓商业美术不过只是一个模糊的抽象词汇，它到底有什么样的特性，与人们传统意义上对美术的理解有何不同呢？要知道，这种理解的重要性不仅仅表现在对一门学科的探求上，其主要作用于对游戏美术本身的学习指导思想上。所谓名不正则言不顺。所以洞悉其商业本质对于游戏美术的学习来讲是必不可少的。

但是遗憾的是，在美术学院里有太多的学生把游戏美术当成纯艺术绘画来学习，这是一种从本质上的误解。如果这种误解得不到纠正，那么这个学生在游戏美术的道路上就不可能获得真正的成功。

在开始本节之前，我们将两个概念统一一下，就是游戏美术与插画，因为两者不过是运用方式不同的同一概念，所以后面我们说到插画，也就是在谈游戏美术。

那么首先让我们穿越千年的时光，回到古代的欧洲，见图1－16。

图1－16 最后的晚餐

这个问题似乎很奇怪，但的确是一个我们在了解商业美术发展史上不可回避的问题。

其实，所有的插画都是由纯艺术发展而来的，甚至于在某些历史时期插画家与纯艺术家的工作性质是没有区别的。

在图1－17里，我们依据《蒙娜丽莎的微笑》重新绘制了一张作品。很显然这张作品已经不能算是一张纯艺术作品了，它仅仅是一张充满戏剧效果的插画作品。其原因就是它没有前者的历史意义。一张纯艺术作品在某种意义上是和历史紧密相连的，如图1－18，该作品的名字叫《命运》。光看画面你可能以为这不过是一张中世纪的世俗风情画，其实这张画是画家当时为祖国的布尔战争筹集资金而创作的油画，该画面表现了罗马时期女性祝福出征的将士喝壮行酒的画面，这就是大时代背景。而那些千奇百怪的、制作精美的插画作品，往往不具有这种历史联系性。图1-19为我们展示了两张极其相似的作品，左边是19世纪的唯美主义画家沃特豪斯的作品，右边是一张现代插画作品，创作者为美国的当代插画艺术家唐纳多。这两张作品无论怎么相似，在其最终的价值判断上，一张是绘画名作，一张是插画作品。这与时代背景有关，与画面和风格无关。这也启示了我们，在如今这个年代，盲目模仿古代画家写实风格的作者注定了没有达到先辈高度的可能。

“插图引起艺术界广泛注意是在20世纪60年代艺术发生巨大变化之后。自从波普艺术以来，西方艺术的一个走向就是逐步取消绘画、取消描绘技术，导致艺术教学的转变。在艺术专业中，也逐步摆脱了绘画的训练。艺术家们以标榜不会画画为荣。不少来自东欧国家和中国的艺术家们都非常惊奇地发现：美国的艺术家以及艺术学院的学生基本都不画画，所谓的‘美术’与绘画的关系非常疏远，不少艺术家以绘画技术娴熟为耻，并标榜自己从来不画画。然而与此同时，大量杂志、书籍、包装、宣传品、广告等依然需要绘画，因此西

图1-17

图1-18

约翰·威廉姆·沃特豪斯

唐纳多·吉塞特

图1-19

方沉重的绘画任务就必然落到插图身上了。”（王受之《美国插图史》）

对于古代具有大时代背景的画作我们可以这么来区别，那么对于当代一些出名的艺术作品我们又应该怎么来对待呢？每次当你走进当代艺术的展厅时，你会不禁为两件事情而惊叹。一是这些画作的“粗陋”，二是它们惊人的天价。为何“次货”还会卖到高价呢？这就是我们后面要讲的，艺术品不等于工艺品，买家买的也不全是做工，而是买的一份对投资的高额回报的期待。而要实现这种期待的唯一途径就是炒作。按照以往对艺术市场规律的阐释，一件艺术品的价值主要体现在人物价值(画家)、艺术价值(作品)和市场价值(环境)上，但目前的问题是很多藏家和具有艺术品购买欲求的企业家对艺术品缺乏基本的鉴赏能力，仅能从作品的题材、话题，艺术家的名气乃至职位等因素来衡量其价值，而恰恰忽略了对最为关键的作品艺术本体价值的关注。这种现状直接导致的后果是，一方面艺术品的定价因素游离于艺术本体价值之外，使艺术品市场逐渐与艺术创作和鉴赏等本体问题脱离了应有的密切关系；另一方面，从作为艺术品生产者的艺术家方面，一些画家索性直接迎合这种趋向，不从艺术本体价值下功夫，而是另辟蹊径在价格炒作和商业运作上投入更大精力。

格丰当代艺术馆展品

与之相应的是，目前投资艺术品已经在很大程度上超越了收藏行为，而变为一种金融行为，艺术品玩家、藏家的身份也呈现出空前的复杂化与多元化。近两年来，作为金融界创新产物，涉足艺术品证券化的天津、深圳、上海等各地文交所纷纷推出“艺术品资产包”投资产品。在图1−20、图1−21、图1−22中，我们可以看到即使质量相同的作品，经过炒作的就变成了具有艺术“价值”的天价艺术品，可以进博物馆展览，而没有经过这些程序的，就仅仅是一些不入流的角色。特别是在图1−22中，左边的绿狗是近几年来价值千万的当代艺术作品，而右边的是我收集的质量不高的插画作品。

CG插画首先是一种技术，之后才是一种艺术。

CG的产生是因为社会进入了读图的时代，商业艺术创作需要效率为先。所以，想要学好这门艺术，首先要把它当成一种技术来学习。

插画家要找准自己的服务对象，学习插画就是

日本插画家作品

图1−20

学习服务。

插画的审美者是大众，我们必须站在大众的立场上。

插画家不是纯艺术家，不可能一画成名。

在图1－23中我们可以清楚地看到绘画与插画在渠道上到底有何不同，针对的行业又有何不同。这些不同将插画的服务对象、审美定位、承载媒介、经济模式统一在插画或者说游戏美术的基本学习和创作理念之中。

归根结底，你所要关注的不过是把自己的目标和自己的思想乃至行为统一起来，这样才能真正地发挥出你的能量。否则，想着左边的结果却在干着右边的事情，其结局可想而知。任何全才都是从专才做起的。

作者陈惟的法国学生亚瑟，他的学习目标非常明确，就是要成为一个艺术家，所以他的学习不会为了工作而委曲求全，他也不会因为担心未来的经济问题而动摇自己的学习决心。他并没有什么钱，他可以在法国的工地上一天13个小时地干，存上两个月工资，然后到中国来学习，如果钱不够了，他又继续打工。诚然，

图1－21 四川美术学院女性艺术展

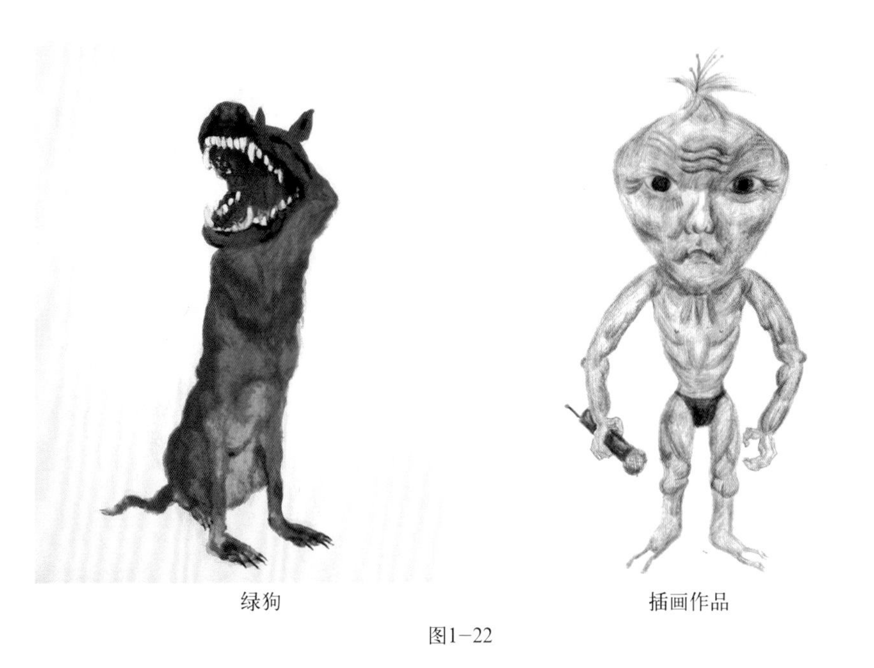

绿狗

插画作品

图1－22

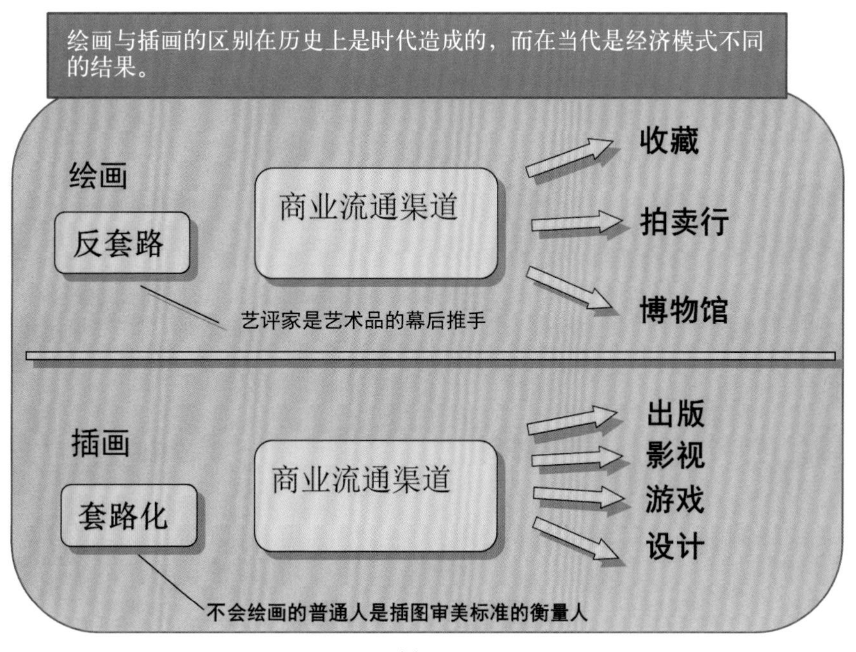

图1－23

西方社会的工资标准比我们高很多，但是我的中国学生中有一大半在经济上是优越于他的，因为他只能靠自己，而他们却还有父母的支持。但是在学习的目的上中国的学生就显示出不明确的一面。一方面，他们毫无疑问地为了就业而学习CG插画，但是一旦以专业的训练要求他们的时候，他们又和你反复强调他们的“个性”和所谓的“艺术爱好”，到了临近就业应聘，他们就因为准备不足而表现出彷徨、盲目和缺乏自信。当然这种情况并非所有，却相当地普遍。因为当他们在拒绝“严格的美术训练”，而强调“自己个性”的时候，不过是找个借口给自己“知难而退”而已。所以，在此我要告诫那些要想走上CG插画这条道路上的朋友，CG插画是商业美术，虽然也可以说是一种艺术形式，但是其根本是一种共性大于个性的实用美术，这不是标新立异为了不同而不同的“纯艺术”。

综上我们不难看出，要想学好CG插画、游戏美术，无论是自学还是参加培训班，都必须清楚什么叫“艺术家的理想加脚踏实地的工作”。没有远大的理想最终成不了什么气候，而如果没有普普通通、脚踏实地的实践，任何理想都是泡影。

第三节 游戏美术学习的正确方法

图1-24 我的学生龙学是一名通讯专业的学生，他的美术学习是从削铅笔开始的，两年后成为职业的游戏原画。

一、保持良好的心态

如果没有正确的认知和系统的理论，要想在艺术的领域里走太远是不太可能的，走弯路自然也是无法避免的。

大量的艺术学习者在理论知识的学习上都是十分不足的，这一点我在长达9年的教学实践中见过太多。有些人连自己学的是什么都不知道，就开始盲目地努力，甚至连起码的艺术学习的规律和知识都鲜有涉足就敢辞去工作在家SOHO，以为在家关上几年就能有所收获。

在此，我想郑重地告诉大家的是，理论并不是枯燥的无用的文字堆砌。正确的、经过提炼的理论知识是教师们在长期的教学实践中总结出的不二法则，这些规律性的东西没有个别现象，只有铁一般的法则。遵守它就能成功，反之，注定失败。

所以，请大家抛开先入为主的偏见，耐心地学习本章的内容。俗话说得好，心清方路明。没有明确的、如同信念一般的理论作为支持，我也不可能走到今天。

自学的忠告：

大多数人都选择自学插画，但是成功者寥寥无几，因为他们把“创作冲动”当作了“创作能力”。唯有那些能清醒地认识自己，戒骄戒躁，一步一个脚印的学习者，最终才能成为插画界的高手。

零基础学游戏原画的一些建议：

零基础学习游戏原画在我这里既有成功的案例（图1−25），也有失败的案例。失败的案例往往并不在于作画者天赋不够，领悟力不强，而是在于其内心出了问题。

内心出问题这表现在如下两个方面：

其一，当遇到困难的时候，没有办法冷静地面对，客观地分析，慢慢地解决。一到两次的实践不得法后，就开始气馁，把美术的问题变成自己的“历史问题”，一味地用自己基础差，自己这也不对、那也不对来埋怨自己。这样久而久之，无法把精力集中到解决实际的问题上，更无法从解决问题中获得后续的动力，作品不断地重画，始终没有一张完整的作品。

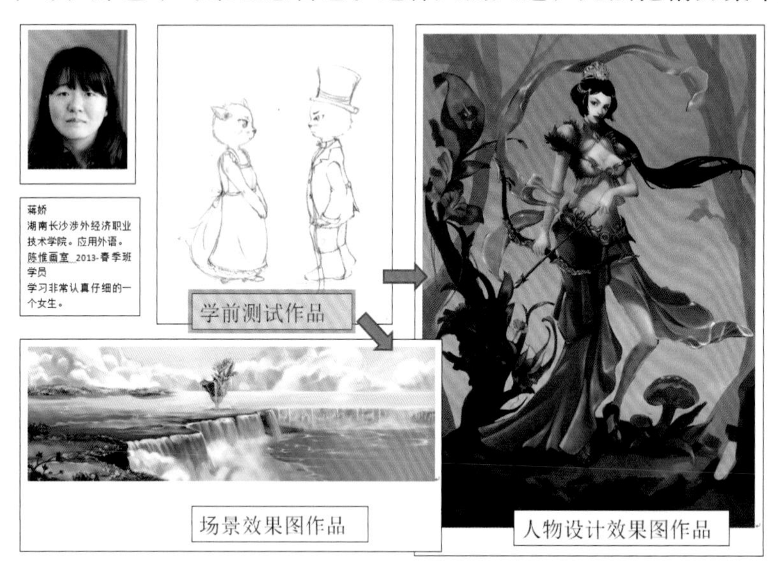

图1−25

图1−26

其二，无法把学习美术与内心修养调和到一起。艺术学习是一个身、心、灵三者平衡的过程。试想，一个内心狂乱不安、欲念时起时伏的人，怎么可能耐得住寂寞，坚持每天10来个小时的练习呢？所以我们提倡静心，提倡有节律的生活，提倡通过阅读一些对内心有帮助的书籍来达到逐步平静内心的目的。可是，部分同学完全不重视生活作息，他们常常上网到深夜，甚至是通宵，生物节律完全被打乱，白天又不能按时到场。拖着一个疲惫的身心，怎么可能学好绘画呢？

如果说成功的案例有千万个，那么失败的原因无非以上两点，各位请切记。我们接下来说一说零基础学习原画的条件和信念。

第一个条件是必须掌握绘画学习的基本规律和原理。部分同学不重视理论知识的学习，只是一味埋头“苦”画。其实，真正学通理论的人，练习的时候只有身体上的劳累，却无心灵上的迷惘。很多人

图1-27 李戈夫作品

图1-28 张攀作品

之所以觉得“苦”，的确是因为对于绘画的原理还知之甚少，是内心困顿所造成的，我在那篇《动漫插画12堂课》（图1-26）中也只是谈了个皮毛。你若能够讲述，才算是你真正掌握。

第二个条件是要有坚韧不拔的决心与毅力。既然你选择了学习美术，那么就“容”不得你中途反悔。为何？这个问题我一再强调。很多零基础学员选择美术是转行而来，在做出这个抉择的过程中面对了很多的非难和压力。有些来自周围的朋友和家人，有些则来自自身的一些财务得失。可是我要说的是，做出抉择并非是最困难的，早起的外力阻挠也往往不成问题，问题最终会出在你每一次“看不到前途”的迷茫之中。练到“境随心转，而非心随境转”，自学才能成功。图1-27、图1-28是学生李戈夫、张攀的作品，他们通过艰苦学习达到了很好的效果。

一件需要长期投入时间和精力的事情，并非一朝一夕就能够获得成功。一定要首先做出非常理性的评估，这样可以不必为自己盲目的一腔热忱付出不必要的代价。我曾经问过几乎所有的学生一个问题：“你能吃苦吗？”

几乎所有的学生都带着十二分的信心回答我说：“陈老师，我最擅长的就是吃苦。”可是结果呢？他们中的80%都是因为不能吃苦、没有耐心而使自己的艺术生命过早地终结了。

他们挂在嘴边的词最多的就是“迷茫”“郁闷”“纠结”。

虽然平时我对学生都是以安慰和鼓励为主，但是在这里我要毫不客气地说：“不能自发排解不良情绪的人，是不可能在艺术道路上走多远的。”

众所周知，人生本来就是一个谜题，没有固定的答案与解答的方法，你的人生需要你自己去探索，别人的事迹仅是提供给你一个额外的参考而已，并不能复制。所以，一个坚定的决心与毅力是成就一些事业的起码保证。人没有不走弯路的，走弯路并不可怕，可怕的是改正后不再走下去。人没有能力去支配外界，却有权利选择相信与不相信。一般人都不太具备长期吃苦耐劳的精神，他们的精神能量很低，他们往往过高地估计自己的心理减压和承受能力，他们只模模糊糊地看到一条在理论上可以成功的空中桥梁，却看不到翻山越岭的艰辛。所以，一旦自学开始付诸实践以后，成功者寥寥无几。不光是绘画，在其他领域同样如此。

人的行为的持续性，靠的是精神的能量。一个意志力薄弱的人很难维持其行为的持续性。他人云亦云，几乎没有在自己的人生中担当起主人的角色，他是惰性与集体无意识的奴隶，他按照父母的意志来选择自己所学的专业，也可能按照同伴的意志来选择自己的就业，甚至按照社会的意志来选择配偶，最后按照家庭的意志来教育自己的后代，所以成功在这个世界上才那么少。

你一旦中途放弃，你周围的人便不会再相信你任何的“豪言壮语”，甚至连你自己都不会相信自己，以后你该如何面对自己的每一次判断呢？所以，既然选择了要学，就要学出点样子。不是要和别人比较什么，而是要让自己佩服自己，这才是学习的意义。

第三个条件是要做好一辈子长期作战的准备。说到这里，有同学开始倒吸凉气了。我并不是说你一辈子都要在艰苦的练习中度过，而是你要做好一辈子艰苦练习的准备。因为只要把一种奋斗变成了毕生的信念，才能够给予自己最大的余地和空间。有些人一开始就给自己设定目标，我要1年内，或者2年内达到怎么样的高度。这些目标不过是参考了别人的时间表，殊不知每个人的情况截然不同，成长的节奏也因人而异。一旦达不到自己设定的目标，你就会自责，甚至怀疑自己的学习方法有问题。其实即使同一个方法，不同的人学习起来效率也是不一样的，这完全没有什么可比性。所以，如果没有一个顺其自然的长期心态，加上每天严格训练的当下要求，任何一个成功时间表都不可靠。努力并不是叫你刻意地去控制和压抑自己的感觉，而是要把自己的感情和周围的一切统一到一起。因为你意志力再强，也有忍耐不了的一天，你对自己要做的这个事情并不一定充满了爱的能量，你没有真正感觉到幸福。“真正的动力是爱，而不是刻意地忍耐。”如图1-29，从退学建立微软，到成为世界首富，盖茨只用了20年的时间。此后，这个被美国人誉为“坐在世界巅峰的人”就再也没有从这个位子上下来过，一坐就是12年。

图1-29

第四个条件是把艰苦的训练变成每日的习惯，融入你的生活，变成你的乐趣。学习一个陌生的专业，走上一个全新的职业，对任何一个人来讲都不是一件轻而易举的事情。其中可能面临的挑战，此起彼伏。要把困难转化为乐趣才能真正地持久。可是，如何才能做到呢？我们首先要学会肯定自己，用一点一滴的进步来肯定自己，不积跬步无以至千里，跬步虽小，积少成多千里终会在足下。所以要为每一点进步而高兴，褒奖自己。我们的文化是一种过于内敛的文化，一个人除非是功成名就，否则有任何的进步都不可言说，这从某种程度来看有压抑人性的倾向。一个健全而自信的人格是在每天对自己的肯定中体现的。那些天天埋怨自己的人怎么可能客观看待自己的努力呢？其次，我们要学会展示自己。我要求学生都有自己的博客，把自己的练习和作品都上传上去。如此在无形中，学生就不再是一个孤独的学习者，而是一个有观众的表演者。人的成功来自于自己扮演的角色，你有了自己的舞台，哪怕是博客的方寸之地，也能为今后的进步奠定良好的基础。

图1-30

第五个条件是要做一个性格开朗的人。目前看来，我的学生中能够在艺术上获得很大进步的，往往都是人格健全、性情开朗的人。正能量的含义我不用再解释了。我相信人都是可改变的。把你的争斗心、狭隘心以及一切的负能量好好地释放出去，然后在绘画中逐步地补充正能量，这样才能获得真正持久的动力。有人学习美术是为了证明自己很优秀，为了获得更好的收入，或者为了能出名。这些都是与实际不符的幻想，因为是幻想，所以当你发现做这一行其实没有那么优秀，也没有那么多收入，出点小名也远不如凤姐的时候，你会很失望，这种情绪会直接破坏你对艺术的天然感悟和美好体验。

最后推荐一个帮助了很多人的视频给大家：地址：http://video.sina.com.cn/v/b/106749447-3304760833.html，如图1-30。

这是《The Secret》（秘密）的电影版——吸引力法则，由《The Secret》（秘密）作者朗达·拜恩与国际著名导演及美国、英国、澳大利亚、法国等各国众多全球知名的潜能励志专家，历时两年拍摄完成，展示了“成功=健康的心智+正确的方法+踏实的行动”这一法则。

二、如何正确地临摹

从人类绘画科学的原理来讲：人的创作不是凭空捏造，而是一种“大脑的综合联想”，如图1-31。所以人的绘画活动说直接一点，就是一种高级的拼装，要不画家们怎么形成整体感觉如此相

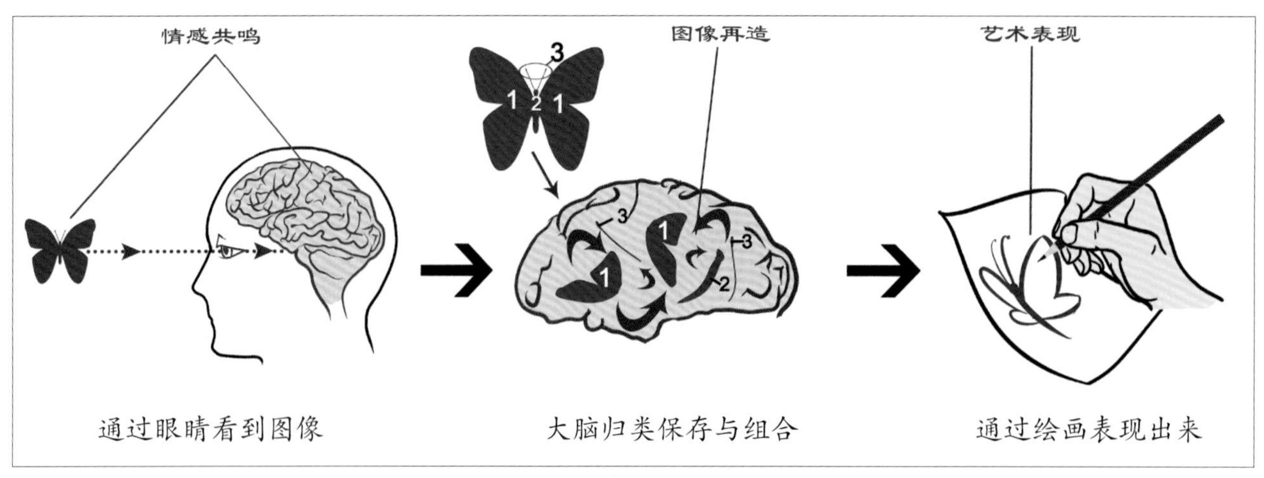

图1-31

似的“风格”呢？

抽象画家可以不通过临摹学习绘画，因为抽象绘画并没有严格的审美规则。但是写实画家必须严格地按照临摹的步骤来学习绘画，因为造型的严谨性并非绝对的主观感受，而是有着约定俗成的统一标准。

早期的画家们看到自然的美好，就想尽办法临摹自然，努力追求跟自然一模一样的真实表现，所以绘画从开始的抽象图腾向精确写实的方向发展。

而到了近代，写实走到了尽头，摄影术的出现让写实没有存在的必要了。要发挥人的个性，发挥人的主观感受，把人强烈的个人感受融汇到这些写实主义的表现方式里面，于是印象派出现了，马蒂斯（“野兽派”的代表人物）出现了，甚至以追求恶俗为目标的反美术绘画出现了。可是无论是什么流派，表现的都不过是人类精神历练的问题，这个对于初学者来讲是没有什么意义的。欣赏图1-32，可以对比出写实主义绘画与近代抽象主义绘画的区别。

即使你就是什么都不看，你至少还要“想象”，可是我们人类凭什么去想象呢？其实能想象也

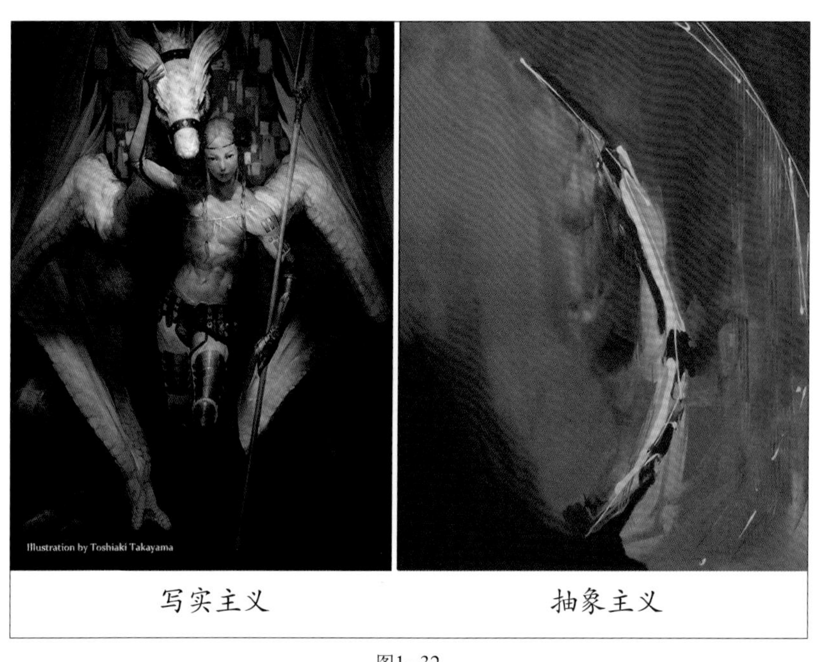

图1-32

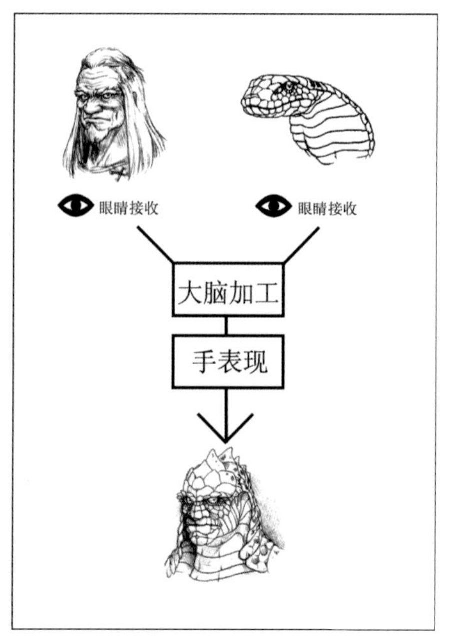

图1-33

是因为你看过了以后会有模模糊糊的记忆，把这些记忆和审美取向综合联系到一起，你才能进行想象这种思维活动。所以，我们首先不要妄自尊大地认为人可以像上帝一样“凭空创造”，我们不过是在虔诚地模仿自然而已。

但是大量的初学者并不了解这一真相，他们按照文学的浪漫主义把绘画能力幻想成什么了不起的天赋，殊不知，一个高手和一个初学者其实是完全一样的。他们都在不断地用“现实中的素材”来进行加工，人是不可能画出自己没见过的东西，但是可以根据一个概念利用现成的素材“组合”出一个“新”图像。

这才是人类绘画创作的真相，如图1–33。

从龙的形象在画家笔下的变迁我们不难看出，任何一次绘画形象的重大改变都和这个社会生活的改变密不可分。在西方16世纪的绘画中，龙的形象就如同一只丑陋的长着蝙蝠翅膀的狗，并且体形都偏小。这是因为当时对龙的描述主要来自《圣经》，所以龙的形象主要是按照文学化的描述来绘制的。但是到了19世纪的近代，不少西方绘画中出现的龙的形象就变成长长的尖嘴和蜥蜴般的身躯。这是因为那个时候随着欧洲殖民运动的展开，非洲的鳄鱼和许多爬行类的生物都被运到了巴黎的动物园里。到了21世纪的今天，龙的形象越发接近了我们星球上曾经生活过的主人——“恐龙”，这是因为19世纪末期英国的曼特尔夫妇发现了大量的恐龙化石，大量相关的复原图鉴被绘制出来，于是，艺术家们有了新的“灵感”，如图1–34。

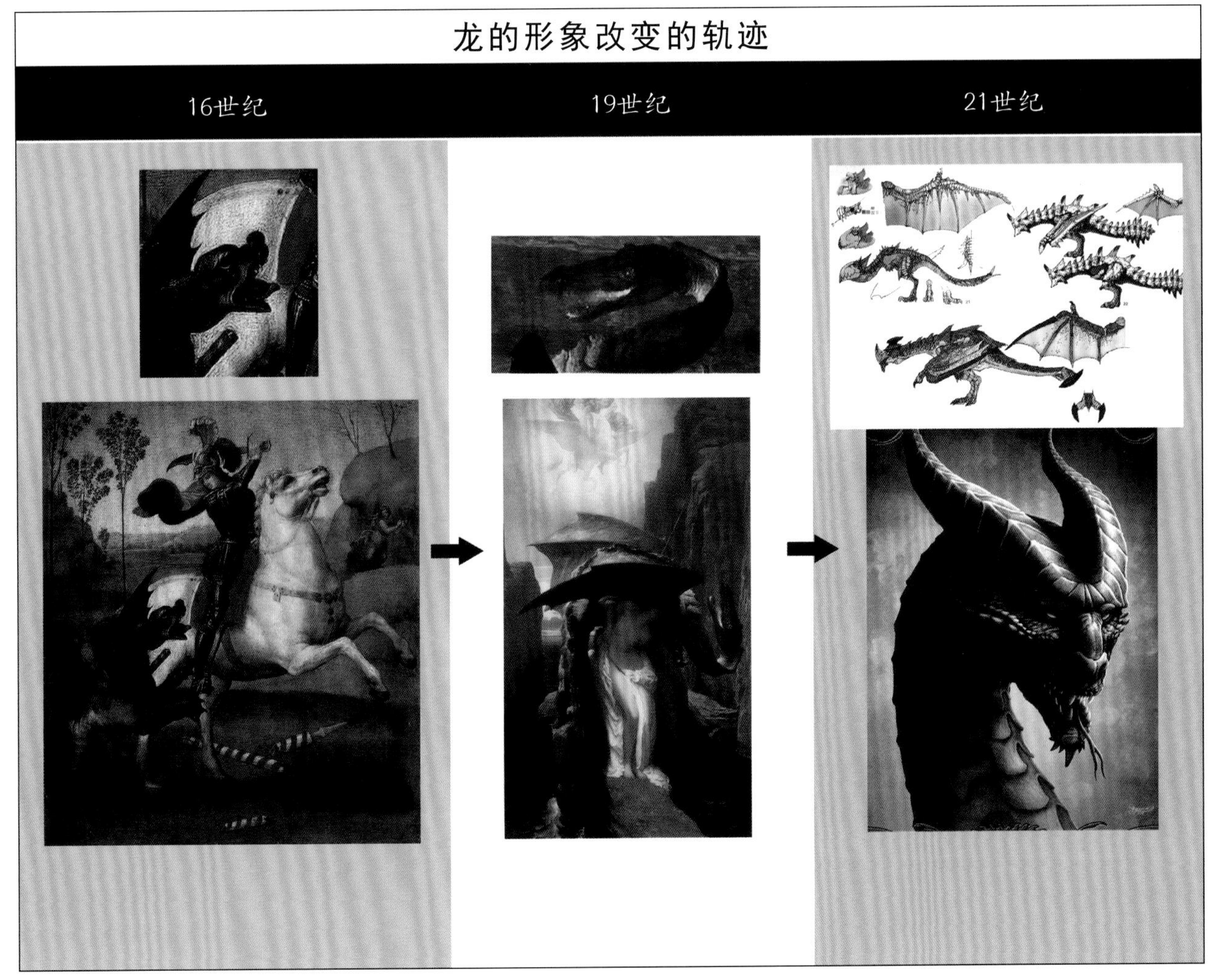

图1–34

临摹是绘画学习的唯一途径。

纵观历史，我们几乎找不到一位不通过临摹就学会写实绘画技巧的画家。这到底是为何呢？

学习绘画首先就是模仿，不是创造。

学习阶段和创作阶段的指导思想是完全不同的，其实大部分初学者学不好画的原因就是在于搞不清楚学习阶段和创作阶段的区别，换句话说就是搞不清楚临摹到底有多重要。

所以在初学者的学习阶段，千万不要过度强调自己的专属风格，而应该以学习吸收别人的优点为主，什么样的风格对你表达的东西有利，你就学习什么。我们没有见过一个初学中文的外国人连发音问题都没有解决，汉字都没有解决，只会说“桌椅板凳”之类的词汇，就去学郭德纲说相声，可能吗？绝对不可能。

同时从历史的角度来讲，19世纪几乎所有的艺术大师都大量临摹过意大利的古典艺术作品，或者去巴黎的卢浮宫进行过临摹的学习。那些努力的画家，在自己学习的岁月里，往往在保留着古典艺术大师作品的教堂里、画廊里，一住就是几个月甚至一年。临摹的程度之深，相似度之高，现在的画家是不能与之相提并论的。在书籍和各种分析设备并不发达的年代，临摹对他们来讲是学习古代大师的唯一方式。

现在有不少年轻的CG画家，在十几岁的时候就崭露头角，到二十多岁就已经成了国内一流的CG画家、漫画家。

我曾经因为偶然的机会拜访过他们中的一些，也不止一次地问过他们如此的问题“是什么使你们进步如此之快啊？”我得到的答案惊人的统一：“我们比普通人更善于学习。”

换句话说，他们更善于吸收别人的成熟的表达方式和创作理念。他们没有把所谓的临摹与创作划分得如此严格，只是虔诚地带着满心的欢喜去吸收所见到的每一个优秀画面的优点，然后再选择合适的方式表达出来而已。

在他们之中，我最为欣赏的就是1983年出生的青年漫画家黄嘉伟，图1—35是他的临摹作品。我和嘉伟的接触其实很早就从网络上开始了，后来在交流会上大家一见如故。我们谈起关于创作的问题，我也直接说出我的想法，我觉得他的作品一出道表现形式就相当的成熟，一定是大量学习了不少大师的作品。他是个很真挚的人，也很坦诚，告诉我他在高中阶段就临摹了800多张各种风格的漫画。我听了很是吃惊。后来他在网络上给我看了那些他高中阶段的临摹作品后，我被他的学习精神深深地打动了。

黄嘉伟的高中临摹作品不但数量庞大，其认真的态度也是非常惊人的。很多的作品连辅助性的文字都没放过，这个现象真实地反映出了他学习的踏实与严谨。这和很多浮躁的、渴望捷径的初学者，简直形成了鲜明的对比。正是这些实实在在的临摹，使他取得了现在的成就。

图1—35 黄嘉伟的临摹作品

新中国美术大师徐悲鸿——美术教育的开山鼻祖，当年他在法国留学期间，曾经深切地感受过巴黎艺术的热情和朝气，也在卢浮宫里和大师的作品比邻而画，久久不愿离去。在他早年的作品中，就有不少效法欧美大师的作品。他曾经说："临摹是绘画学习中最重要的手段。"

图1-36

所有绘画的学习一定是从临摹开始的，没有其他的捷径。只有临摹是最快捷的、最直接的学习手段。

我常常使用学唱流行歌的例子来做类似的比喻。如果你要想学会唱一首流行歌，你根本不需要去了解任何的乐理知识，你需要做的只是一遍又一遍地模仿，改正，再模仿，再改正，直到最后你能不假思索地熟练地唱出。当你能够熟练地演唱一定数量的歌曲后，你就自然形成了自己固定的台风和演唱习惯，那么你真正的风格才开始形成。

这个过程和学习绘画完全是一样的。但是太多的美术学习者总希望通过获得一些所谓的总结性的知识（类似绘画原理一类的知识）和少量的练习就能达到学习的目标，这是绝对不可能的。甚至可以这么讲，那些学不好画的人，几乎都是临摹做得不够的人。

日本画家结诚信辉笔下的白精灵是所有日韩式精灵造型的鼻祖，见图1-36。但是它的来源也并非空穴来风，而是作者学习了大量的欧美精灵造型后，经过加工变形而得到的。

韩国网络游戏《天堂》的美术风格成了国内众多网游争相效仿的范本，甚至有制作人要求自己的美术小组人手一套《天堂》相关的美术设计资料。但是殊不知《天堂》的美术设计却是从模仿日本人的游戏美术开始的。

连牛顿都要站在巨人的肩膀上，我们画画的为什么要这么不切实际地说我们可以随时"创造"呢？

不但初学者要临摹，就算你参加工作了也少不了学习和借鉴。

特别是在商业美术的领域，为了迎合市场和创造效率的需要，无数的画家都在不断地学习和借鉴中成长，这种学习或者借鉴，我们完全可以看作是一种局部地、有分寸地或者针对性地临摹。要不为什么游戏美术都这么像呢？

在六年的教学中，我不止一次地和公司里专业的游戏美术工作者交流过如何设计游戏角色的问题，得到的答案是：尽量借鉴。

图1-37和图1-38为我们展示了这些"借鉴"在行业里的运用。

那么该如何临摹呢？临摹要注意什么问题呢？这点很少有人去思考。其实临摹并不像很多门外汉想象的那样，是一件不需要动脑子的事情。行之有效的临摹要讲方法、讲步骤，甚至是讲每个步骤的训练量。

你临摹得像吗？如果像了，那么速度呢？很多人仅仅是觉得自己能做到就浅尝辄止，完全没有让自己的技能达到哪怕是起码的要求。用一个通俗的比喻就是："谁都会跑步，但是谁又有刘翔快呢？"

"从科学的角度来讲，创作不过是一种高级的临摹组合。"

很多初学者一来就对我讲："陈老师，我们什么时候能脱离临摹？"我告诉他，你一辈子都脱离不了，只要你想学好绘画，一辈子都需要进行临摹，只是临摹的范本会有改变，临摹的标准会有不同而已，如图1–39。

在这里我没有办法给大家讲得太细，但是请记住，临摹的核心有两点：

1.目的性要强。

2.数量不能太少。

比如我要学眼睛的画法，学脸的画法，目的性要很强，同时一定记住临摹就是努力让你的画面跟摹本一模一样，特别是对初学者来讲，临摹都只能做到60～70分，你说创作怎么能做到及格呢？临摹必须要做到90分以上，这样我们创作的时候才能接近及格。

所以我在这告诫初学者，一定要

图1–37

图1–38

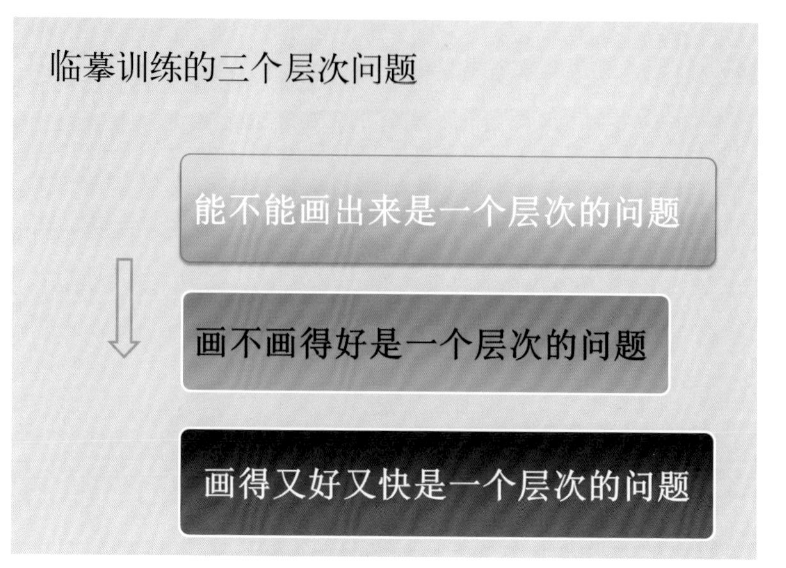

图1–39

图1-40

学会临摹，严格地去临摹，达到以假乱真的地步最好，如图1-40。

我学生的作业中如果出现了错误，我会用不同的“图章”加以标示。每个细节的问题都需要他们逐个地修改在旁边，一遍不行就两遍，直到完全过关为止。另外一个问题，有的同学告诉我说自己临摹100张没有什么用。我说你把没有用的临摹拿给我看，他拿给我看以后，我一看就知道什么问题。从来不修改，临摹100张，没有一张是好好画的。我最反对那种传统速写式的临摹，拿个翻得乱七八糟的速写本，画了很多“涂鸦”，却没有一张是认认真真画的，这是不对的。对于这种卡通造型方式，临摹一定要做到一模一样，再慢都不要紧，临摹一张就要算一张，否则画再多也没有用。这跟画真人速写是两回事，如图1-41。

图1-41

图1-42

徐悲鸿曾说：“临摹是掌握创作的唯一

途径。”

至于具体临摹多少张才算合适，一般来讲起码50张，100张最好。具体的数量因人而异。我本人在初学阶段就临摹了将近100张彩色的漫画。

在作为考生的阶段，我坚持每天临摹一张彩色漫画。我的美术强化培训结束的时候，我已经积累了一本厚厚的“作品”。虽然它们都是一些照着画的东西，但是对于当时的我来讲，那种成就感所带来的自信，促成了我顺利地走上了绘画之路，如图1-42。

三、科学地安排时间

接下来我们要谈一下关于学习中最为重要的一个话题：“循序渐进”。

虽然大多数人都知道循序渐进的字面含义，但是能真正做到并控制好“循序渐进”的节奏，能够控制住自己的“痴心妄想”的却很少。而这恰恰是他们学习失败的主要原因之一。

高中的时候，外语老师告诉我们，只要每天背一个单词，那么3年后就能学好外语。我当天就背了20个，第二天就是15个。两周之后我就放弃了。所以每次想起这个事情我就反思自己的“循序渐进”。（一个初学者即使经过三年艰苦的自我学习也只能做到一个优秀的美术工作者，要通过自学成为一个商业画家，那是5年以上才可能达成的目标，对于学习的难度与时间的长度，大家要有清醒的认识。）

关于学习的目标我主要是想给大家一个“1+1”的建议。不要好高骛远，在目前的阶段能够进步一个层次就很不错了。不要一来就是：“我要当画家。”我一听就问：“你给自己多长时间学习啊？”他回答：“一年应该够了吧？”我顿时晕倒。如果一年两年，甚至三年就能培养一个画家，那我看画家也不是什么值钱的称呼了。

在锻炼身体的时候，教练会告诉你要切记循序渐进，否则你会拉伤自己的肌肉。身体拉伤还好说，但是信心一旦被“拉伤”了，那可就麻烦了。

我学画的时候，不管是做什么类型的创作我都只在现有的难度值上加一，不加二。这样才能让我保持充分的信心。

我以前教过一个学生，此人就老是在“循序渐进”的方面犯忌。他基本没系统地学过美术，而在基础非常薄弱的情况下，他就想画十几个人的组合，并且还要求一定是魔兽里某些具体的设计。我说不可能，你画不了，你的阶段必须按照科学的程序循序渐进地走，完成这种类型的创作是需要你经过很长时间的学习才能够办到的。他不但不信，还认为我捂着藏着东西不教给他。我说你看我的作品里面有没有那么多人的构图，就知道我是不是不教给你了。他坚持说要自己

图1-43

创作，我说你就像刚学外语的人，还没学会就想用外语讲笑话给观众听，虽然你充满激情，但是绝对冷场。盲目的创作冲动，绝对不等于你的创作能力，你这样一蛮干，势必损伤你的信心。结果他最终没有走上艺术的道路。所以说盲目地自负、自大，是绘画中最损伤人的一点，一定要脚踏实地，循序渐进，切记，切记！

图1-44

无数的例子告诫各位，学习绘画的时候一定要循序渐进，千万不要想“一口吃成个胖子”。

到工作室来学习的学生，来之前都需要完成一叠厚厚的速写训练，如图1-44。

具体说来我们可以这样简单设计下我们的训练模式。

比如今天我只是单纯地想把我喜欢的这个卡通人物临摹下来；明天只是想临摹得更快一点，只要主要的内容；后天我只是想不看了，背着临摹；第四天我只是想加些细节，也可以把他头发改一下；第五天我只是想在旁边加个人看能不能协调。每次只加一点点难度，不要给自己太多的负担和挑战。图1-45，就给我们展示了一个循序渐进的绘画过程。

建议大家在设计自己的目标前，去详细地阅读下历史上出现过的那些著名画家的生平事迹，你会惊人地发现两个事实，一是这些画家的学习经历出奇的长，二是他们的创作作品如此的多。比如在美国插画的黄金时代，一个画家的平均创作数量是3000张左右。这是一个什么概念呢？假如那时人的寿命为20000天左右，也就是说，如果这个画家从18岁成年开始画画，那么到他死，平均5天就要完成一张作品。而我们的学习者通常都是大学荒废了，或者是工作以后才半路出家的，基本是在23岁左右才开始全力以赴的进行专业学习，那么大家可以算算要成为一个画家需要花多长的时间。

所以，应合理地设计你的学习周期和计划。

2013级2月班的同学（图1-46）在这点上做得非常好。他们常常一个人获得了好的学习资料，就主动和大家分享，这样分享的人多了，大家都从中受益。在面对学习困难的时候，也相互鼓励，彼

图1-45

此帮助，他们自己私下还常常互相谈心、交流，同时分享学习的快乐和分担生活的忧愁。追求梦想不是5分钟的热情，燃烧完了就没有了，而是需要持之以恒的行动和长年累月的积累。这个班级的同学有着严格的自我管理习惯，从开学第一天到5个月后最后一天，80%的同学都没有迟到过。平时也严格遵守着工作室的各项规定，按时作息，坚持运动。这种规律性的生活能够保证一个学习者持久学习的体力。

图1-46

思考与练习

1.小明说：“只要我一直不断地练习自己的绘画技巧，就能在游戏美术界不断成长，将来也能成为一个画家，靠画画养活自己。”

请用商业美术的观点去仔细考察如上观点。

2.以“读图时代”为论点写一篇5000字左右的论文，以此论文的考察内容作为自己实践学习的心得体会。

3.制定一个属于自己的游戏美术学习计划，以本章的学习原理作为指导；将此计划表格化，然后贴在工作台前。

4.参考光盘附录《CG插画与动漫的本质》的相关讲座，明确一下自己的学习目标。

5.参考光盘附录《CG插画原画如何自学纲要》，为自己明确一下基础部分的学习计划。

第二章
骨骼训练法

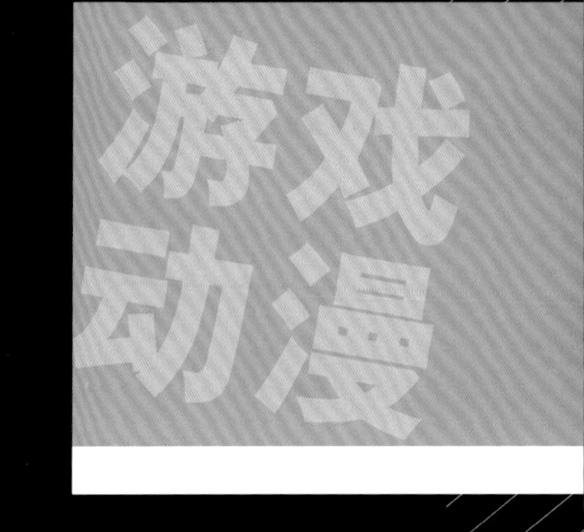

要点导入：

本章主要着重于解决游戏人物设计中最为困难的人体造型部分。其中详细分析了人体造型学习即骨骼造型学习的来龙去脉及其基本思路、训练办法等核心要义。只要能够理解这种理念，同时严格按照本章的训练程序去执行，就能在相对短的时间内基本把握人体造型的方法，达到事

第一节 骨骼造型训练法概论

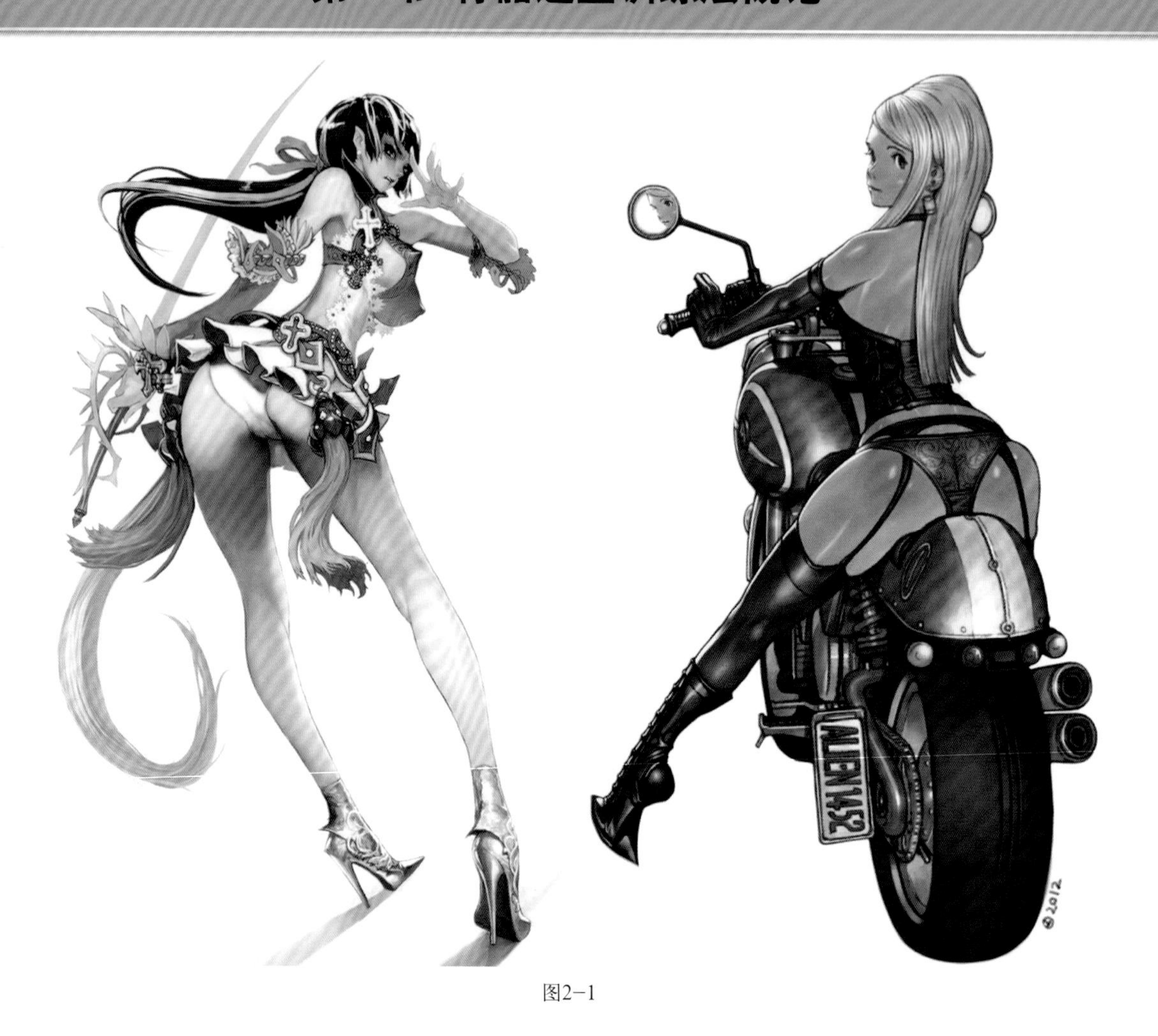

图2-1

人体造型历来就是一个令人头疼的问题，对于初学者来讲，这是必须翻越的一个难关。如果没有人体造型的能力，那么一切的人物设计就是空谈，如图2-1。

按照什么样的原则来解决游戏原画的造型问题，一直以来都是人物设计的关键和前提。如果没有一个正确的人体结构作为支撑，一切的电脑绘画技巧都是空谈，这是一个支架与表皮的关系。

在长期的教学研究中，我们开发出一套完整的、适合中国学生的、最简单实用的动漫造型训练技法。我们将其称之为“骨骼造型训练法”。

本章涉及的主要内容包括以下三点：

1.什么是骨骼造型训练法？

2.骨骼造型训练法的意义何在？

3.我们如何来做相关的练习？

厘清以上三个问题，就能彻底领悟到骨骼造型训练法的精髓。

纵观传统美术教学里人体的相关训练，我们不难发现三个方面的问题：

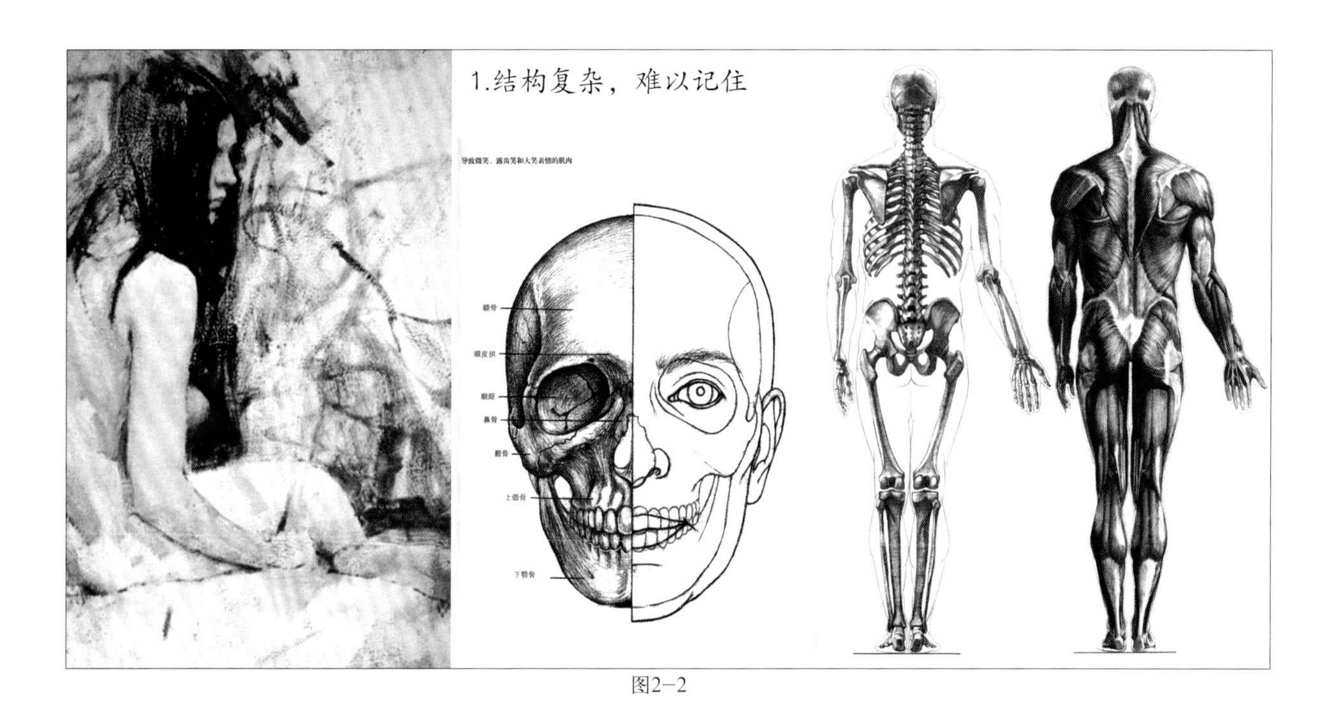

图2—2

2.训练周期太长，不适合当前的情况，需3年以上的饱和训练

图2—3

图2—4

1.结构复杂，难以记住。

2.训练周期长，很多游戏美术的学习者根本没有那么多的时间。

3.基础训练做了很久以后，却发现想达到运用的目的似乎还需要更长的时间。

所以，目前高校里的人体教学出现了尴尬的局面。一方面，学生需要扎实的人体造型训练来提高他们的人物设计能力，但是教学的时间又是有限的，我们必须在尽可能短的时间内培养出游戏美术的合格人才。同时市场的竞争又是残酷的，我们不可能让一个学生大学四年学习完了以后又再到培训机构去学习一到两年，如果这样，大学的意义何在？我们急需一套全新的人体造型训练系统。CIN骨骼造型系统就这样应运而生。

一、CIN骨骼造型系统

CIN骨骼造型系统分为三个阶段，分别是：1.骨骼添加修改；2.将手办转变为卡通；3.将真人转变为卡通。

CIN的过渡训练来源于大脑图像库触类旁通的原则，目的是让学生能够在自身大脑所具有的图像库基础上，使其对特定颜色、某些物体的局部形状等产生综合联想，从而顺利地进行个人创作。因此，在进行练习时，只要能够保证在第一个训练时完成1+1（最基本的修改创作）式的创作练习，那么最终就可以使一个还处于临摹状态的同学平稳地过渡到创作阶段。

二、骨骼的画法

骨骼是绘画人物时的第一个步骤，骨骼的画法也是第一项要学习的内容，那么什么是骨骼？骨骼的画法又是什么？这些问题让我们来一一解答。

一般，在画人物的时候，人物的动态造型可能会来自很多图片或真人模特，我们总希望能将其在画纸上再现出来。但是当我们去观察这些复杂人体时，眼睛总会因为人体外部的服装饰品，素材图片上的画面风格等的影响，而无法将最能表示人体动态的线条表现出来。所以，骨骼画法的研究也就出现了。这里所说的骨骼并不是指人体的骨头，而是用概括的方式，通过曲线，一些基本几何体来简单地去高度概括人体骨骼，并表现出人体最直接的运动姿态。如图2–5，这种概括方法就是骨骼画法。

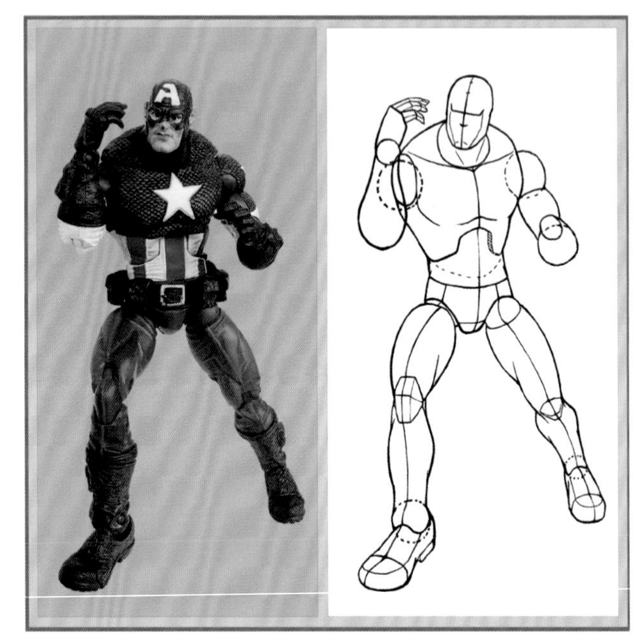

图2–5

骨骼与骨头的区别在于：骨骼指的是包含人体本身的骨头在内，与周围大块肌肉同时作为整体看待的形体。它所注重的是人体的体积感塑造，如图2–6。

图2–6

在目前的各种人体绘画中，可以总结出的骨骼画法大致分为三种。

1.体块式画法。如图2–7，使用几何体块去表示人体的方法，就是体块式画法。这种方法，专用于写实的画风表达，多见于油画、素描中。

2.日本漫画式画法。如图2–8，类似于关节

图2-7

图2-8

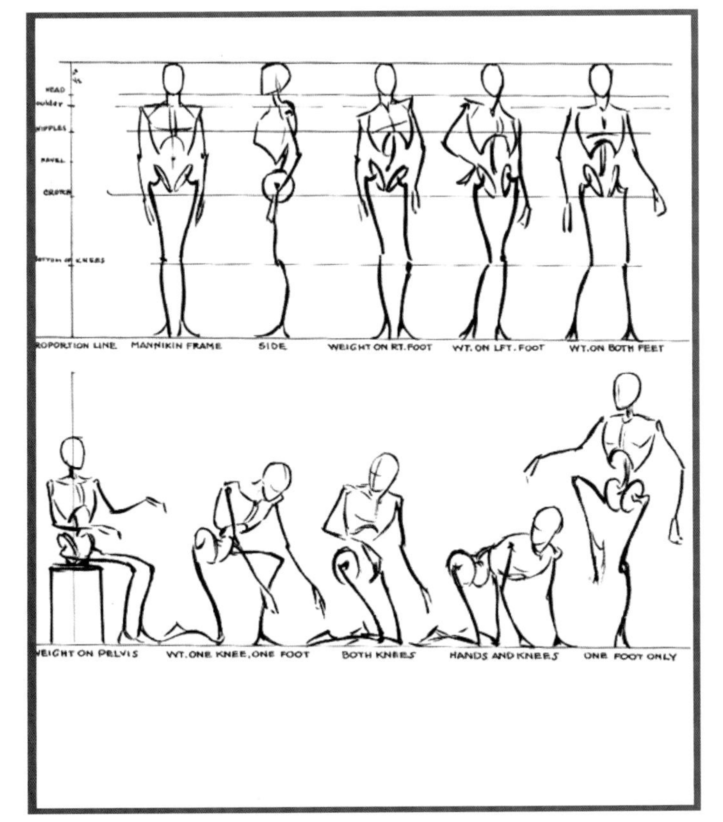

图2-9

人偶的概括方法，专用于卡通创作。这是目前在游戏原画、插画等设计中，使用最广的一种骨骼造型方法，CIN动漫教育的骨骼绘画技法就是在其基础上建立起来的。

3.火柴棒式画法。如图2-9，简单地使用很多直线来概括人体的方法，专用于动画中人物的绘画。因为动画对人物的表现更强调动态的概括，不需要对人体结构有很高的表达。

这里需要说明的是，在卡通绘画、插画中也会遇到所谓的写实风格，但与我们所说的写实有所区别。素描、油画中的写实是现实的再现，效果基本相同，但插画写实是要经过艺术加工，经过夸张手法处理的，如图2-10。

骨骼的学习具有举足轻重的作用，因为目前80%以上的卡通造型，均可以使用这种画法来概括所有基础造型的特征。如图

写实人物油画

卡通写实人物

图2-10

2-11，三种不同风格但姿势相近的卡通造型，其在骨骼塑造上是基本一致的。

只有熟悉掌握了骨骼的画法，才有可能成为一名优秀的角色原画师。

注意对所概括形体之间的几何关系。如图2-12的模型，形体间的穿插关系概括得非常好。我们对其进行骨骼分析，可以看到这种人物形态的表现非常容易理解，这就是骨骼提炼所要掌握的表现方式。图2-13中的右图就缺乏对形体的穿插理解。

三、骨骼提炼的训练要点

1.对范画所提取的正确骨骼要能够看出人物的性别、身高以及年龄特征。

2.骨骼概括中，女性的乳房不要画出来，否则会阻碍对胸腔形体的概括。对于胸腔大小的表示，不仅仅只是胸骨，它还包

图2-11

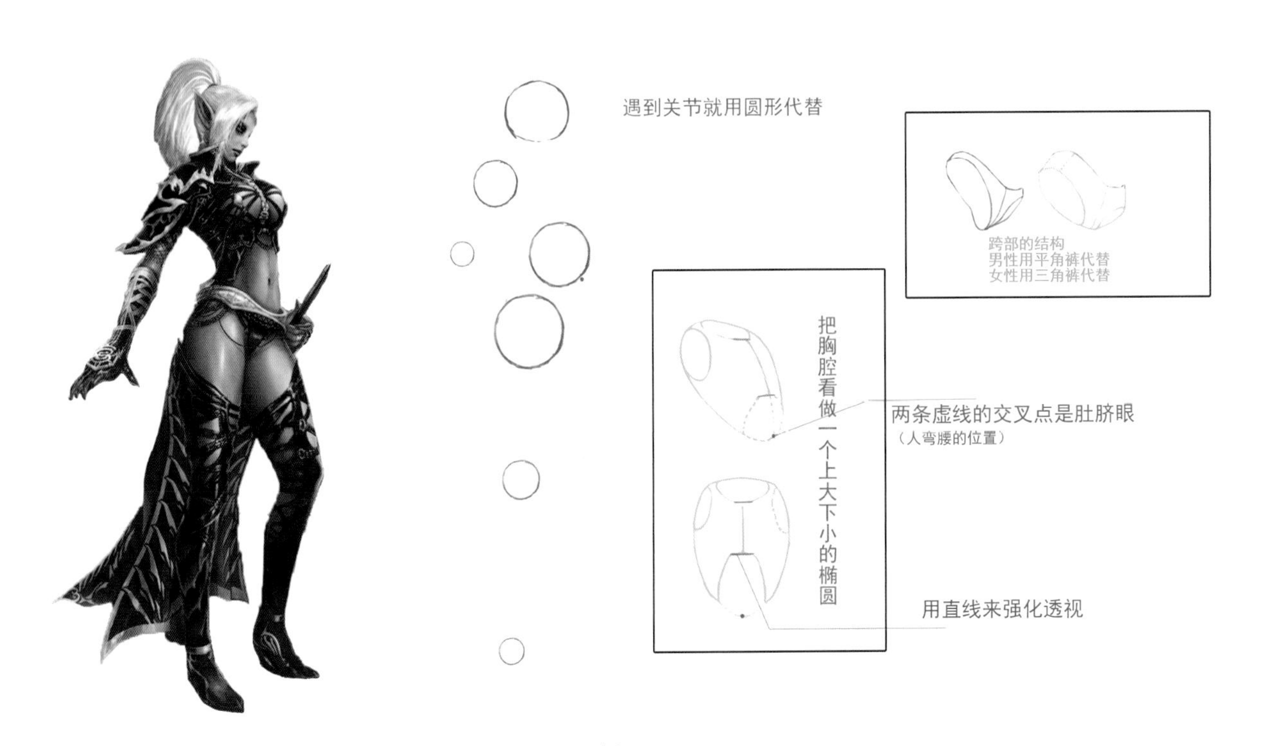
遇到关节就用圆形代替
跨部的结构
男性用平角裤代替
女性用三角裤代替
把胸腔看做一个上大下小的椭圆
两条虚线的交叉点是肚脐眼
（人弯腰的位置）
用直线来强化透视

图2-12

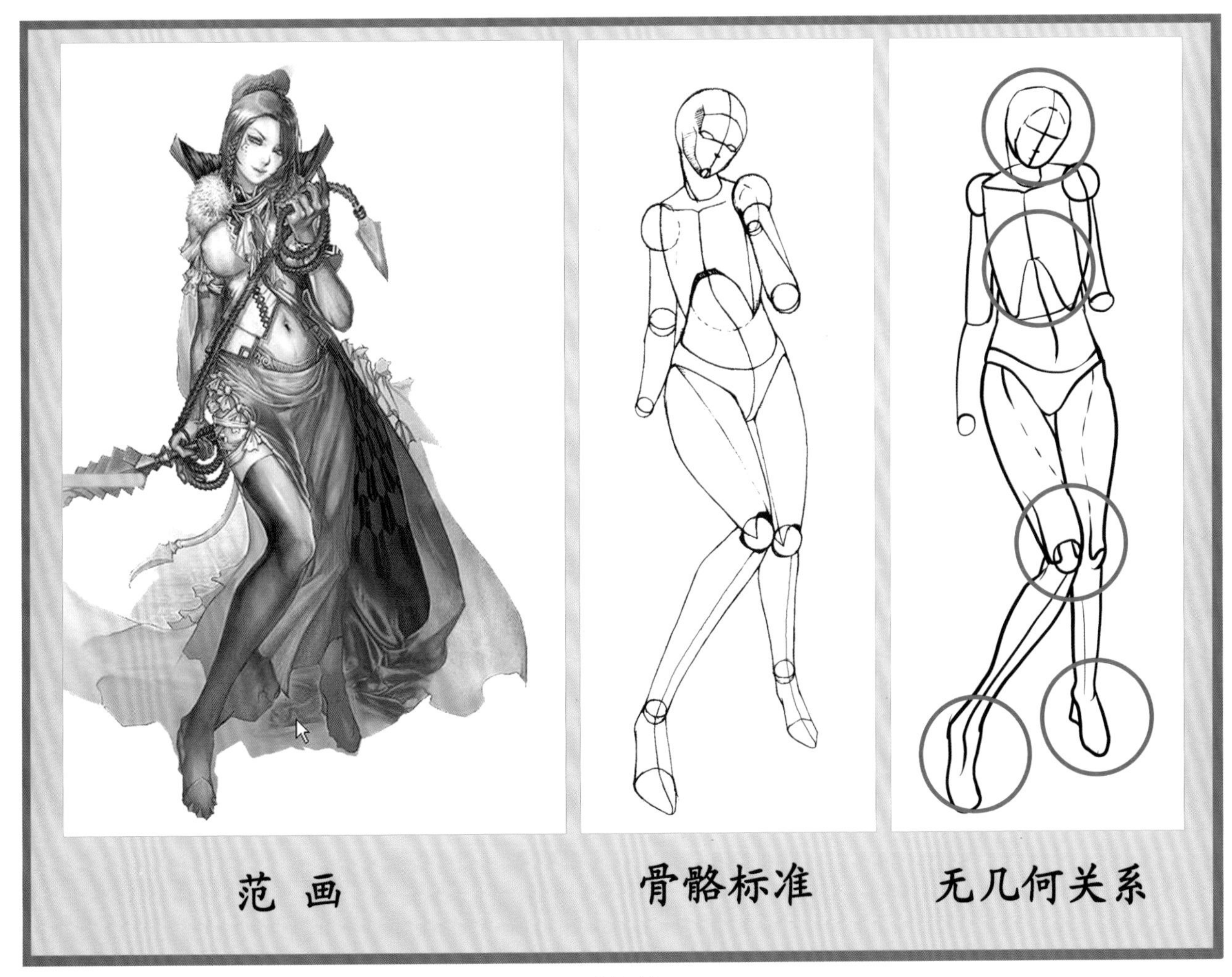
范 画
骨骼标准
无几何关系

图2-13

含了胸肌等在内的肌肉；对于手臂，要使用圆球表示其与胸腔的嵌入关系，同时它说明了肱骨及包含在外的三角肌的整体体积，如图2−14。

3.对于胸腔的体积，认为其无论如何运动都不会改变，并忽略呼吸所带来的挤压与形变。图2−15中，人物的左臂向上抬起，会带动左锁骨向上运动，但在骨骼概括时，开始先要认为其不动，然后在手臂的骨骼概括之后，再调整锁骨的位置。

4.腿的骨骼画法不是从腿部的边线开始绘画，而是要先画出中心线，再把边线的体积绘画出来，如图2−16的步骤图。

5.对于脸部的眼角、鼻底、中心十字线都分别要作以标记，下巴用圆球表示，手部只画到手腕，手掌与手指都不用绘画。

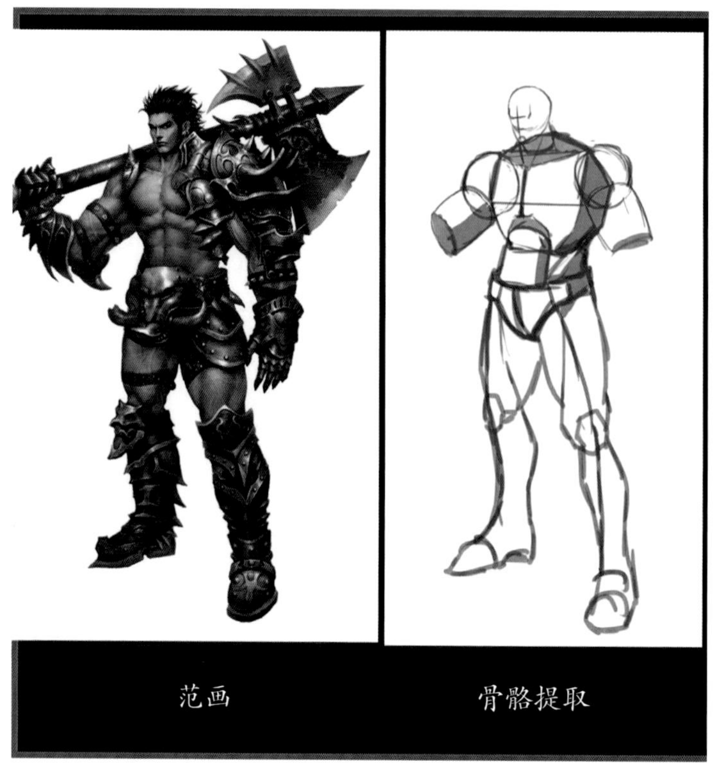

图2−14 对于胸腔的概括

我们在训练之前首先要熟悉，并且彻底地理解这些基本的知识，只有这样才能在真正意义上掌握人体造型规律。

图2−15 锁骨移动状态的绘画方法

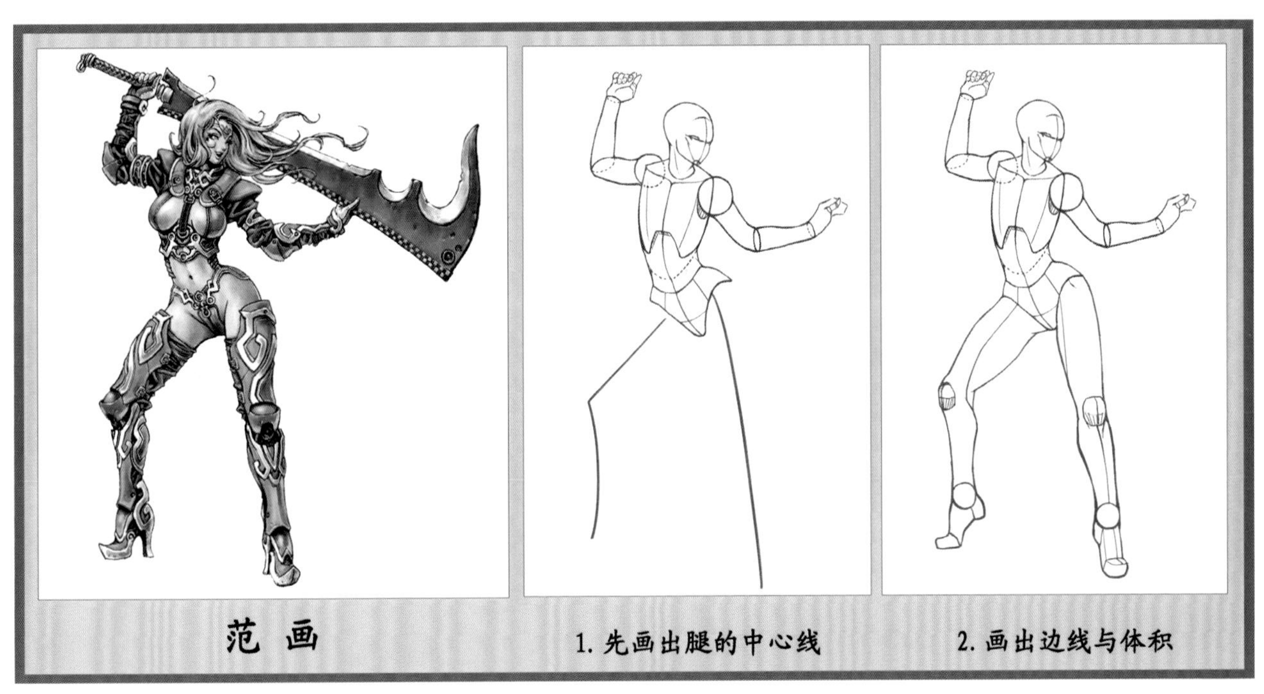

图2-16

第二节 骨骼造型训练的实施过程

到底什么才算是真正的创作？当一个学生经过了大量的基础训练后，刚刚步入创作时，他会简单地以为创作都是无中生有的。但根据CIN的图像库原理，人的绘画创作来自于大脑的综合联想，是将已知的图像通过更加复杂、巧妙的方式组合起来。而且这种组合的能力，并非是一朝一夕形成的，需要坚持不懈地进行一万个小时左右的训练才能形成。所以极少可以见到有人只学习几百个小时，就成为有名画家的。

虽然这个道理显而易见，并且毋庸置疑。但是人的自我认识往往会过度膨胀，会觉得自己已经进入到创作阶段，终于脱离了枯燥乏味的临摹，之前所学到的那些临摹技巧、循序渐进的创作方法也已经无法满足自己那日益膨胀的心。例如在本训练的开始阶段，一个学生如果在之前的观察阶段完成得很好，但进入到过渡阶段后就总是急于求成，明明需要仔细地观察分析，寻找范本，但他不照做，反而认为参考并学习别人的作品会让自己没有成就感。而这种成就感的缺失又直接导致其在遇到困难后逐步贬低自己，直至丧失信心。这是这个阶段最大的心理障碍。

总之，记住开头所说的，绘画创作不过是一种高级的组装，必须一步步深入，同时需要记住，自己的身份不过是一个刚刚开始的初学者，犯不着以一个成熟创作者的立场来折磨自己。

所以，我们接下来就要谈谈如何踏踏实实地做骨骼造型训练的具体步骤。因为骨骼造型训练是我们游戏原画人物设计的基本思路。

一、骨骼提炼

（一）实施过程

骨骼提炼的训练库所提供的练习图片，每张都是由两个内容组成：范画+对应该范画的骨骼标准。图片格式均为Tif格式，范图与骨骼标准图均为分层处理，在Photoshop中可以自由控制范图与骨骼标准图的显示。

首先，由任课教师按阶段从训练库中将练习资料提供给学生，如图2-17。学生在练习时，以每一张范本为一套练习。过程是：

第一次，仅看左边的原始范画，关闭右边的骨骼，20分钟内将

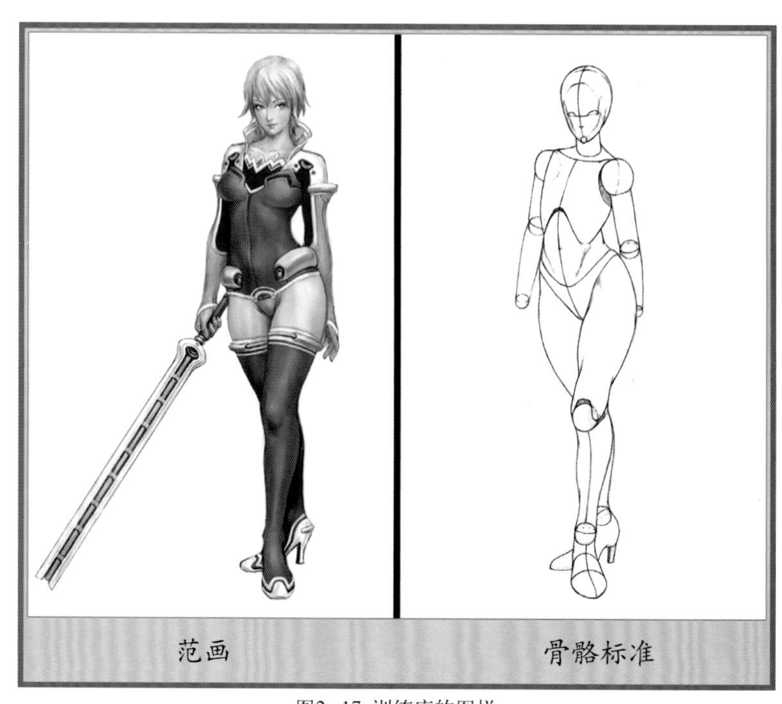

图2-17 训练库的图样

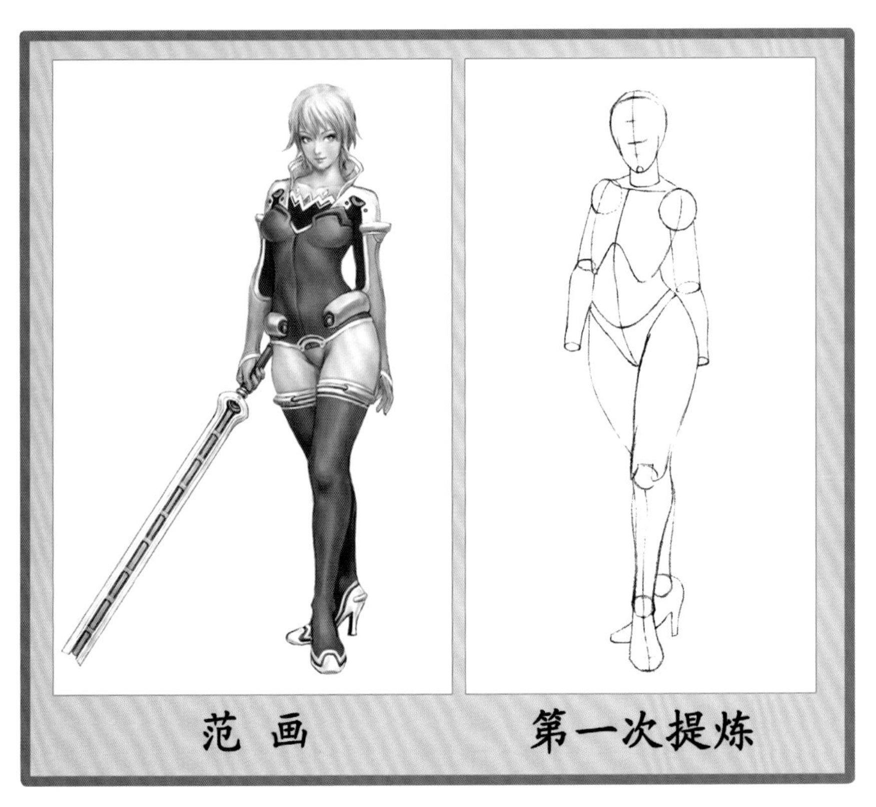

图2-18 首次概括完成要及时扫描

人物的骨骼动态在纸张上概括出来。无论概括情况如何，到时间即停止绘画，之后进行扫描，如图2-18。扫描后对照右边的骨骼标准进行一次修改，之后再次扫描。

第二次，在Photoshop中，在原图基础上新建一层，然后将骨骼概括的图形勾勒出来，理解线条的组成与形态的穿插关系，描绘出的图要进行保存。之后将自己勾勒的图形对照右边的骨骼标准进行修改，修改后再保存为一个图片文件。

第三次，使用15分钟时间临摹标准的骨骼图，时间到即停止，完成后进行扫描。然后对照骨骼标准，对不准确的地方进行修改，之后再次扫描保存。

第四次，依然是只看左边的范画，在20分钟时间内概括骨骼，时间到即停止，完成后进行扫描。之后对照骨骼标准，将不准确的地方加以修改，最后再次扫描保存。

至此，视为一套骨骼提炼完成。

（二）注意事项

练习过程中，所有画稿在画完后(包括修改前与修改后)都一定要扫描进行保存，这样才能更准确地检查自我的理解错误。

本训练不在于重复多少张，而是每次的练习中都必须要确保扎扎实实地进行。

（三）训练量

表2-1

训练阶段	训练内容
第一阶段	5套站姿
第二阶段	15套包含各种动态

注：第一阶段的练习以达到骨骼提炼要求为优先标准；第二阶段的练习则以在规定时间内完成每张练习为优先标准。

（四）考核标准

在每个阶段的练习中，如未达到该阶段标准时，则必须返工。在完成第三阶段相关的练习量后，要参加一次本训练的考试，考试将从训练库中任选一张范画，在规定的20分钟内完成一张A4大小的骨骼概括图。合格要求：在规定时间内完成所要绘画的内容，同时要一次性通过。

评判标准：由本工作室教研组共同审定。

考试不合格者要求再进行第四阶段的训练，训练量为10套，完成后再次测试，如果仍不合格，即认定本阶段的成绩为不合格，同时不再给予课堂时间进行练习和测试。

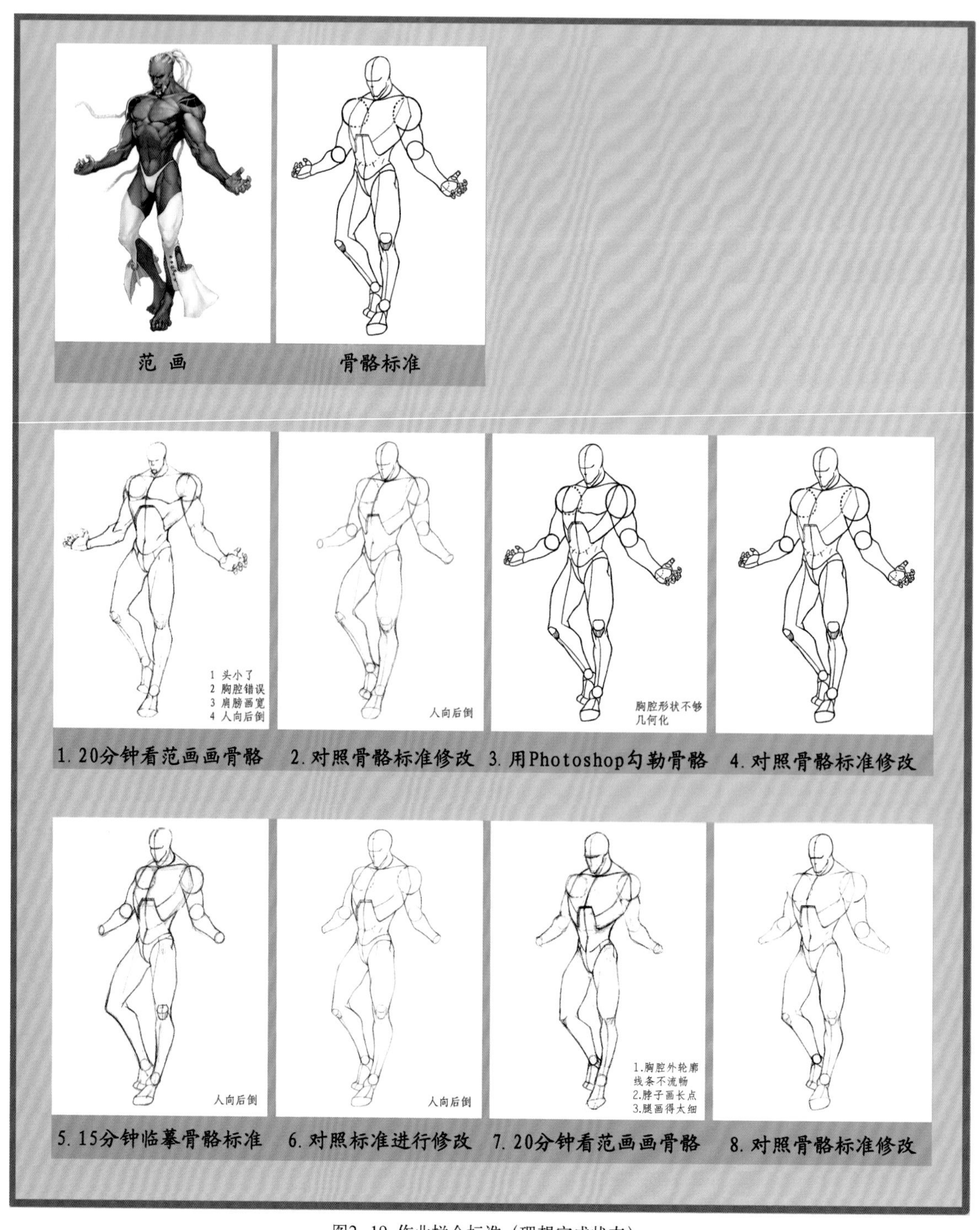

图2−19 作业拼合标准（理想完成状态）

5.作业标准

每张练习线稿要求统一完成A4大小的标准，完成后要上交扫描文件，格式为JPG。需要注意，扫描时以300DPI分辨率进行，然后将画稿压缩至最长边为1800像素（px），并要裁去黑边，去除拼合的痕迹。

同时要求将原范画与训练中所要求的4次绘画（包括修改前、后的图）按照先后顺序拼合在一起，尺寸以单张高度1800像素（px）为准。上交时交拼合后的图片，不合要求则需返工。

二、骨骼修改

（一）实施过程

首先，把所提供的范画进行水平翻转，然后按照骨骼提炼的实施要求，将范画的骨骼提炼出来。提炼后需进行自我审核，方法是在原范画之上用Photoshop勾勒出标准骨骼，然后将自己提炼的骨骼画稿与标准骨骼对照修改。（注：凡涉及骨骼提炼的自我审核方法均如此操作）当自己认为没有问题后，就扫描保存，然后交于任课老师评定。老师评定合格后方可在提炼的骨骼基础上进行修改与添加。如仍存在问题，需要再次修改保存，如图2-20。

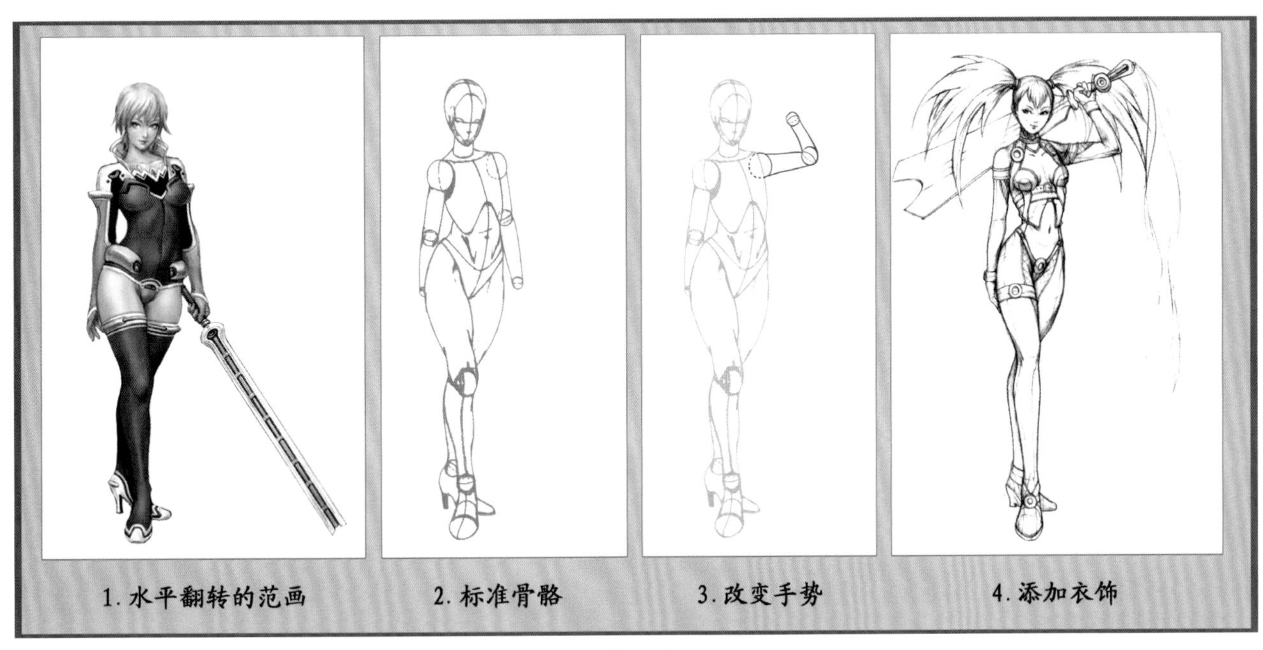

图2-20

其次对骨骼的修改、添加要进行以下几方面的改动：

首先身体每个部分都不做改变，只改变手势。其次身体每个部分都可以改变，但改变的幅度在可控制范围内。可控制范围的把握，是指在个人所能够理解，所能够绘画表现的基础上做出修改，如图2-21。发型、服饰、装饰、武器等所有的配饰都需要改变。

再次，添加完成后扫描保存，再交于任课教师进行讲评，之后根据讲评的问题进行修改，完成再次扫描，反复如此直到教师评定合格。

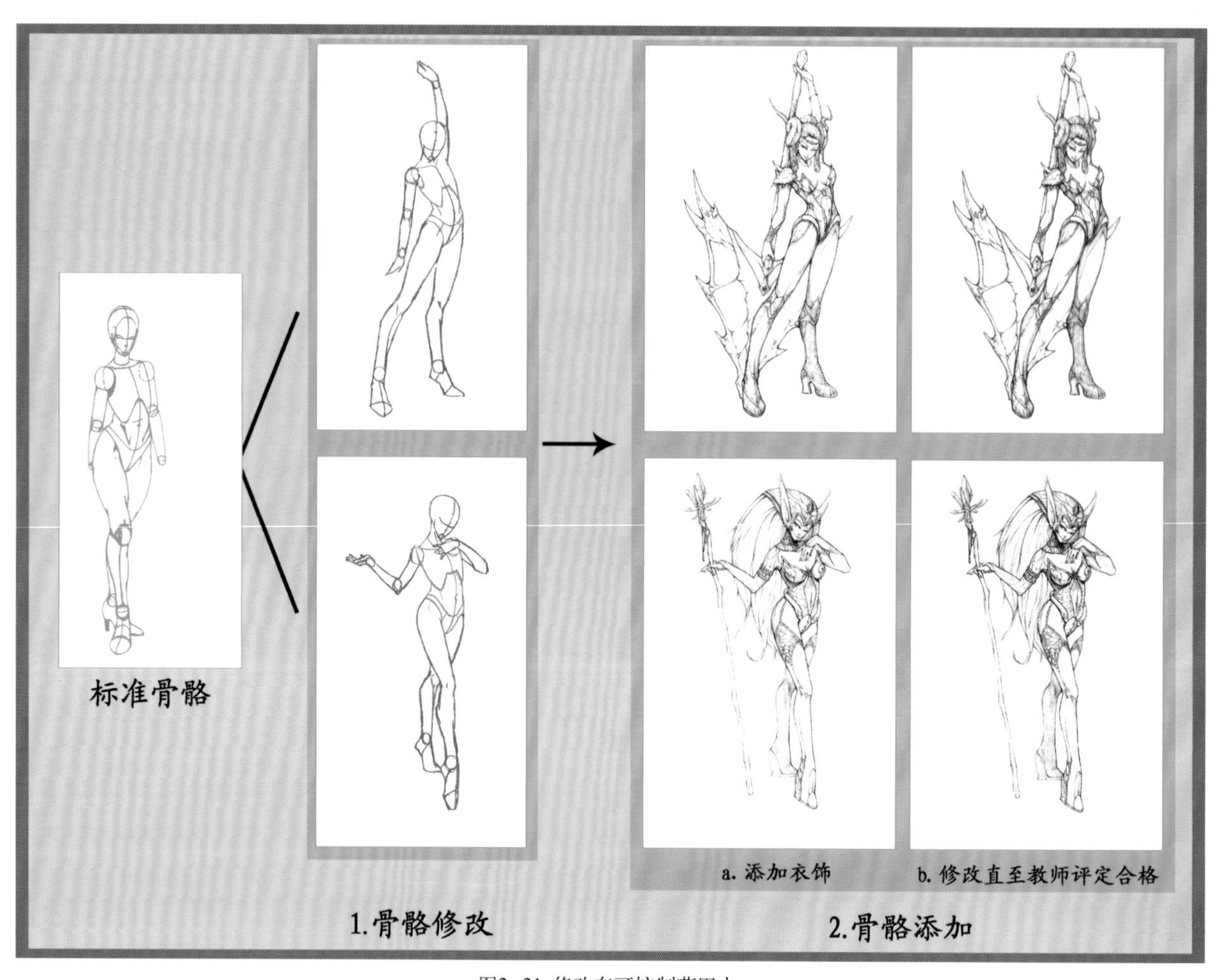

图2-21 修改在可控制范围内

（二）注意事项

首先，面部表情与五官的刻画要忠于原作，没有必要做修改。

其次，添加服饰、道具时，希望每个部分都是有参考依据的。

（三）训练要点

本训练会遇到大量布纹与物品的刻画，许多同学会对此感到困惑。所以，当学习布纹与物品的刻画时，千万不要过分依赖于从逻辑关系上的理解，诸如这装饰物是什么，衣纹是怎么回事之类的问题都是不必要的。关键是要从视觉感受出发，仔细对比自己的画稿与范本之间存在的差别。要知道，许多绘画技能都不是由知不知道决定的，而是由快速识别与修改图像这种条件反射技能所实现的。

（四）训练量

表2-2

对应等级	对应等级（2张多人）	第二阶段（3张）
所有等级学习者	√	√

注：第一阶段的10张均为单个人物的绘画，及2～3个人物的组合，并加入相对复杂的透视；第二阶段需要在人物基础上添加背景。

（五）考核标准

在每个阶段的练习中，要求每张练习都必须合格。在完成3个阶段练习并都合格后，参加一次测试，内容为：6小时内完成一张A3大小的添加创作，在所提供的范本中任选，然后提炼添加，包括背景。

合格要求：在规定时间内完成所要绘画的内容，同时要一次性通过。

评判标准：由本工作室教研组共同审定。

考试不合格者，即认定本阶段的成绩为不合格，同时不再给予课堂时间进行练习和测试。

（六）作业标准

每张练习线稿要求统一完成A3大小的标准，完成要上交扫描文件，格式为JPG。需要注意，扫描时以300DPI分辨率进行，然后将画稿压缩至最长边为1800像素（px），并要裁去黑边，去除拼合的痕迹。

同时要求将原范画、骨骼提炼图、修改后的骨骼、添加后的画稿以及最后修正稿按照先后顺序拼合在一起，尺寸以单张高度1800像素（px）为准。上交时交拼合后的图片，不合要求则需返工。具体流程，见图2-22。

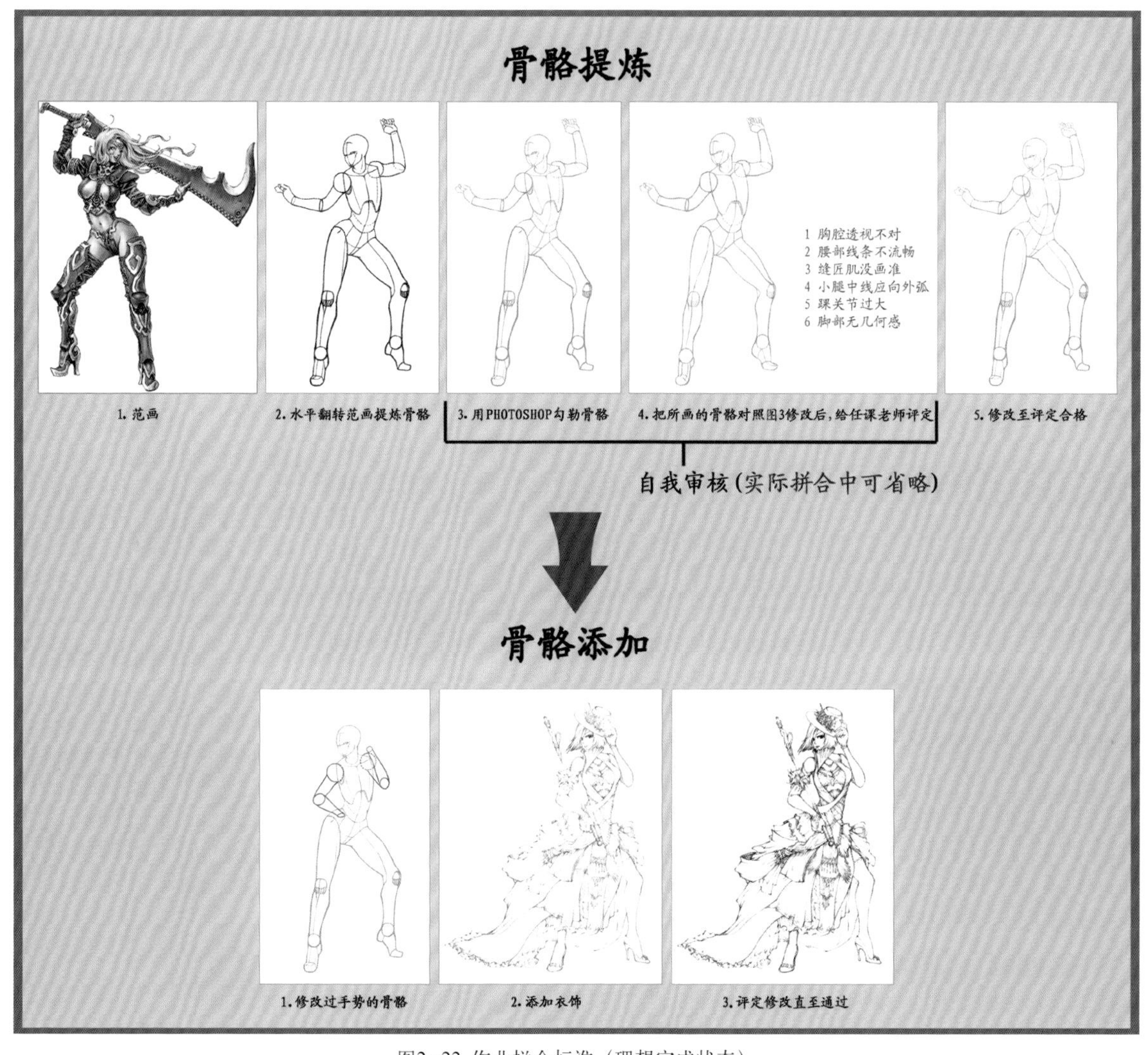

图2-22 作业拼合标准（理想完成状态）

三、背景添加

（一）实施过程

首先选一张自己喜欢的人物设计作品，然后提取骨骼、添加衣服。当然，前提是必须按照前面的法则进行合理的修改。后面根据人物的特征为其加上合适的背景，如图2−23。

（二）注意事项

选择自己喜欢的人物设计的前提是根据自己的水平来选择合适的骨骼。不少同学在这个阶段急于求成而不按照前面的设计规律来进行工作，觉得步骤麻烦，不愿意按部就班，这样造成了在很多环节上细节的缺失。最后一综合起来，发现结果与最初的设想相去甚远。

（三）训练要点

创作中添加背景要从脚的位置开始，如图2−24。

为人物添加背景一定要从脚所在的位置开始，这样可以最大限度地避免透视的变形。

图2−23

图2−24 从脚部开始添加背景

（四）训练量

表2-3

训练阶段	训练内容
第一阶段	2张
第二阶段	10张，包含男女老幼各5个

注：第一阶段练习以达到骨骼提炼要求为优先标准；第二阶段的练习则以在规定时间内完成每张练习为优先标准。

（五）考核标准

在每个阶段的练习中，如未达到该阶段标准时，则必须返工。在完成第一阶段相关的练习量后，要参加一次本训练的考试，考试将从训练库中任选一张范画，在规定的6小时内完成一张A3大小的骨骼背景图。

合格要求：在规定时间内完成所要绘画的内容，同时要一次性通过。

评判标准：由本工作室教研组共同审定。

考试不合格者要求再进行第二阶段的训练，训练量为10套，完成后再次测试，如果仍不合格，即认定本阶段的成绩为不合格，同时不再给予课堂时间进行练习和测试。

（六）作业标准

每张练习线稿要求统一完成A3大小的标准，完成后要上交扫描文件，格式为JPG。需要注意，扫描时以300DPI分辨率进行，然后将画稿压缩至最长边为1800像素（px），并要裁去黑边，去除拼合的痕迹。

同时要求将原范画与训练中所要求的4次绘画（包括修改前、后的图）按照先后顺序拼合在一起，尺寸以单张高度1800像素（px）为准。上交时交拼合后的图片，不合要求则需返工。

本节内容适合教师辅导学生学习，当然学生也可以根据相关的训练要求自己训练。总之要记住一句话，没有最好的方法，只有最用心的学习者！

思考与练习

1.整理自己喜欢的游戏角色设计形象，不少于30个。

2. 利用Photoshop制作出这些形象的骨骼图。具体方法是在原图基础上新建图层直接描摹，在此过程中参考骨骼描绘的各种技术标准。

3.制定一个为期一个月的骨骼造型学习计划，每天一个骨骼的分析和练习，具体的练习方式参考本章的训练标准以及相关要求。

4.参考光盘附录《骨骼造型训练库》来规范自己前面的训练。

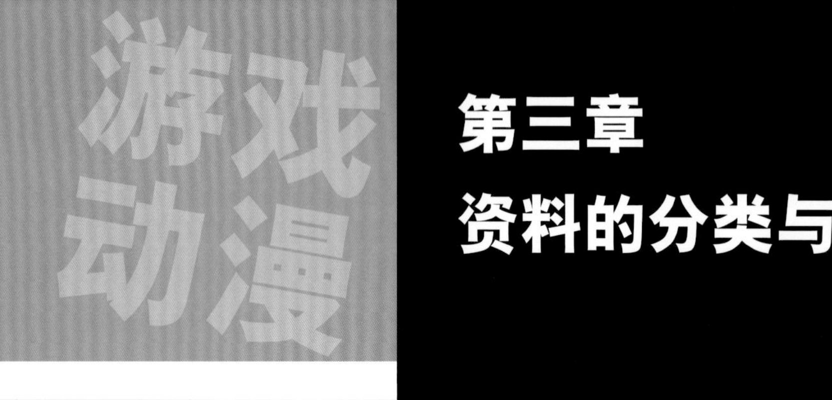
游戏
动漫
第三章
资料的分类与

首先，我们需要概述一下本章的相关内容，如图3-1所示。

1.图片对于CG工作的重要性。

2.图片的类型来源以及采集渠道。

3.如何实现效率化的采集。

学习不能没有教材和资料，绘画学习，特别是插画学习，如果没有一个广阔的眼界，同时没有看过大量的教程，你是很难对这个专业的技能要求有全面了解的。每次开始创作一个新的作品前，应该多看资料，多上网，多去论坛逛逛，多花点时间在了解这个行业的知识方面，多和这个行业的朋友交流一下，这个价值往往大于你多画那么一两张画。因为只有全面的了解才能获得最大的动力。

图片是我们进行CG创作的原材料，所以进行合理广泛的图片资料采集是我们学习CG的前提，对这些资料进行有效的分类也是我们必须长期学习的基本功之一。没有原料就不可能进行加工，甚至做起码的分析都不可能。有些同学不是很重视资料的采集和分类，每次创作遇到问题时才知书到用时方恨少。

一个分类科学、详细的资料库，是我们进行学习的加速器，可以方便我们快速地找到我们想要的参考资料。

在学习开始的阶段，多看点资料是很有必要的，大家不要急急忙忙就开始上手画，什么都没有看就开始画，那是不行的。

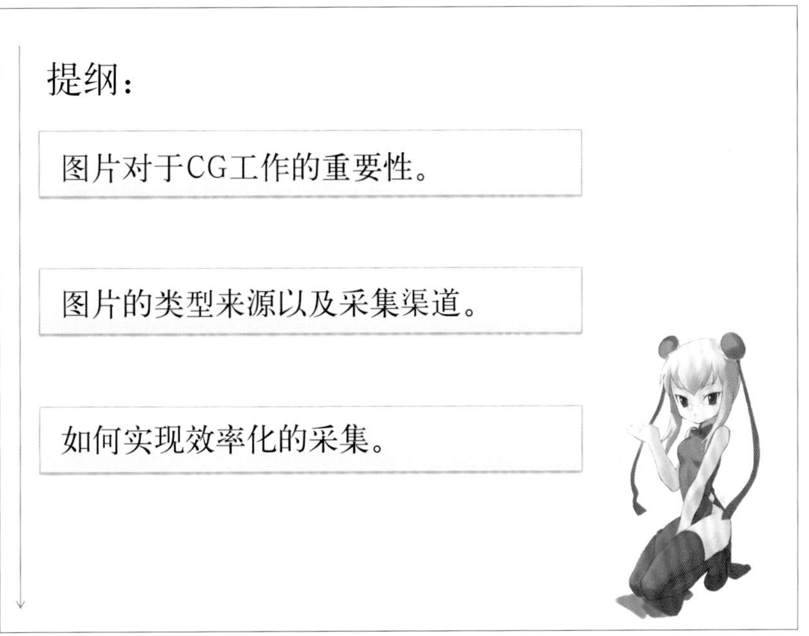

图3-1

图3-2

一、资料的收集

怎么才能画好CG画呢？大家可能会给出各式各样的答案，但是任何一种答案，都会忽略一个先决条件。比如，有的朋友回答说只要学好软件就能画好CG画，那开发软件的程序员怎么没成CG画家呢？有的朋友说要多练习，但是我们知道没有什么学习是不练习就成了的。有的朋友说要学好手绘，对，这个没错，但是不要忘记了毕竟CG和手绘是两种性质的东西。那么什么才是学好CG的先决条件呢？那就是资料的收集、整理、归纳、精简，直到可以耳熟能详。但是通常我们发现，并不是每个学习CG的人都会有一整套清晰可靠的思路来收集、整理、备份自己的资料。要形成清晰的思路，我们首先就必须要知道为什么资料对于CG创作有那么重要了。图3-3为我们展示了CG工作的范围，提出了CG需要在不同艺术风格之间频繁转换的本质。

任何一个熟悉CG创作的人都知道，CG的产生、发展的优势来源于高效快速的效率特征，这个优点使得那些绘画经验贫乏的人，只要熟悉了制作和表现的基本思路都十分容易上手操作。而这个优势正是靠着两个方面得到了体现，一是绘画软件的功能化集成；二是电子资料库的资源庞大和使用便捷。所以那些不重视资料的CG人员，就等于自己放弃了一半的优势。同时，我们根据视觉传达学的原理，可以清楚地看到，任何一个经由我们的双手表现出来的图像都是经过眼睛看到具体的物体，然后再经过大脑加工（我叫这个过程为综合联想）而形成的，如图3-4。所以如果在第一步得到的信息很少并且不准确的话，大脑怎么进行加工呢？所谓的“创作”不过是自己的一厢情愿，人不可能凭空创造东西，只能根据已经有的东西或者概念来做“变形”和“组装”。总之，资料库一定要大，门类要多，CG创作者自己需要大量地看资料，并且领会这些图像所传达出来的美

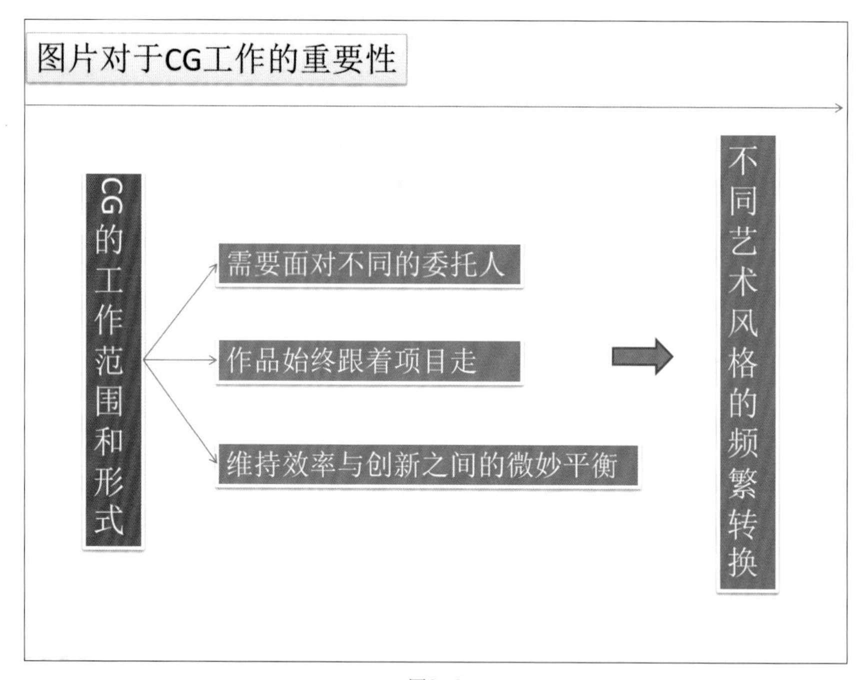

图3-3

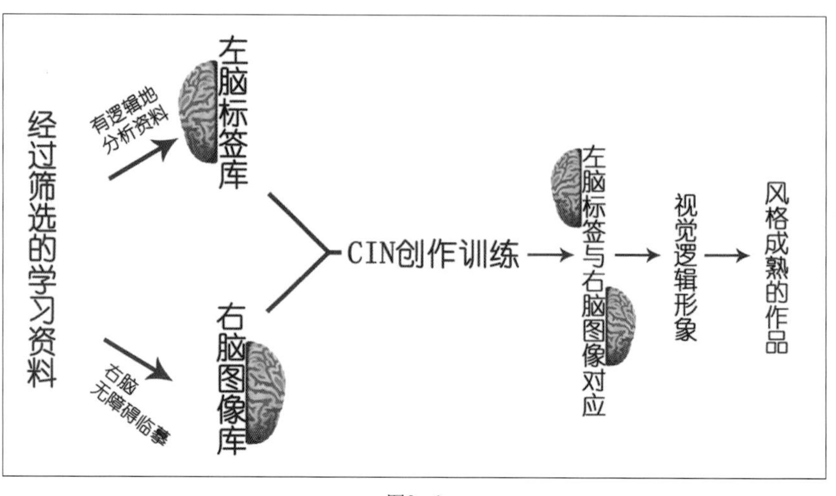

图3-4

图3-5

图3-6

图3-7

学含义。

目前的CG类型的教材很难提供给大家相关的学习资料，因为大多数资料都会涉及版权问题。而现实的情况是，学习者不得不需要不同画家、公司的作品作为参考。所以我建议各位自学者最好是在网上下载，因为网上的资源比较丰富，QQ交流群里也会时常公布很多资料，还有一些网站提供付费购买服务，付费之后他就会提供一些资料给你。所以其实收集资料的渠道是很多的。

电影截图是我在早期收集创作资料的渠道之一，图3-5为我在电影《美国往事》里的截图，这样精致的构图本身就已经是一张作品。而图3-6是一些电视剧的剧照，不少同学苦于不知道中国式的题材怎么把握，其实大量的国产影视剧就是最好的素材库。

无论如何，现在的资料收集，要比2000年我刚开始自学的时候方便多了。我们那时候连U盘都没有，我跟我的室友（这个室友现在是在网上画萝莉漫画的，画得非常好，和日本职业画家的水准相差无几）就只有拿1～3M一张的软盘（一盒是五张，差不多7M的样子）去网吧，网吧只有一台机器有软驱，一个人守着那个机器，一个人拿软盘回寝室传到电脑上，来来回回一天也才搬100M的东西。那个时候上网可是2元一个小时。所以说当时收集资料的效率低、成本高。图3-7为一门户网站的首页，直接打开就能找到相当多的美术参考资料。

资料是搜集不完的，我们不能要求面面俱到。那搜集资料的关键是什么呢？应该是根据你的需要。比如你现在就喜欢某一类的东西，你就只搜集这一类的。以后到了一个阶段，不断地与人交流，不断地和别人去换资料，你的资料就会越来越多，你看的也就越来越多。所以资料的搜集一定是来源于交流，如果你不交流，那这些资料你都会不知道。

现在收集资料倒是都很方便了，直接点击下载，然后硬盘一拷就有了。可是大家最好记住一点，不要太依赖别人给你资料。资料如果有人能给你，那就最好，如果别人不给你，或者一时找不到，你就得自己去想办法收集，千万不能等，不要守株待兔。如果你成天想不劳而获，我可以负责地告诉你，就算有人一天拷100G给你，你也不会有时间去看的，因为你骨子里就不是一个勤奋的人。

只有那些自己一张一张搜集起来的图片，才可能是对你真正有作用的资料。所以我在教学生的时候，除非是很必要的资料我才给，否则其他资料都是学生自己找，我绝对不给。没有付出努力就得到的东西往往不会被珍惜，我给你的东西你没有付出劳动你就直接拿到了，你根本不会去用它，不会去看它，因为太容易得到，直到电脑硬盘都坏掉了你都不会去看它。如图3-8展示了一些在摄影论坛里得到的美术参考资料。

图3-8

二、资料的分类与备份

（一）资料的收集渠道

1.同行或者朋友的硬盘。要养成随时携带一个小巧的移动硬盘的习惯，走到哪里都要抓住每一个拷贝资料的机会。当你看到一个很好的资料时，千万不要想着留到以后再去找，因为那会浪费掉你很多宝贵的时间，有些罕见的资料可能就此错过。一个人精力毕竟有限，必须把大家的成果综合起来才能让自己的资料库更加完美。

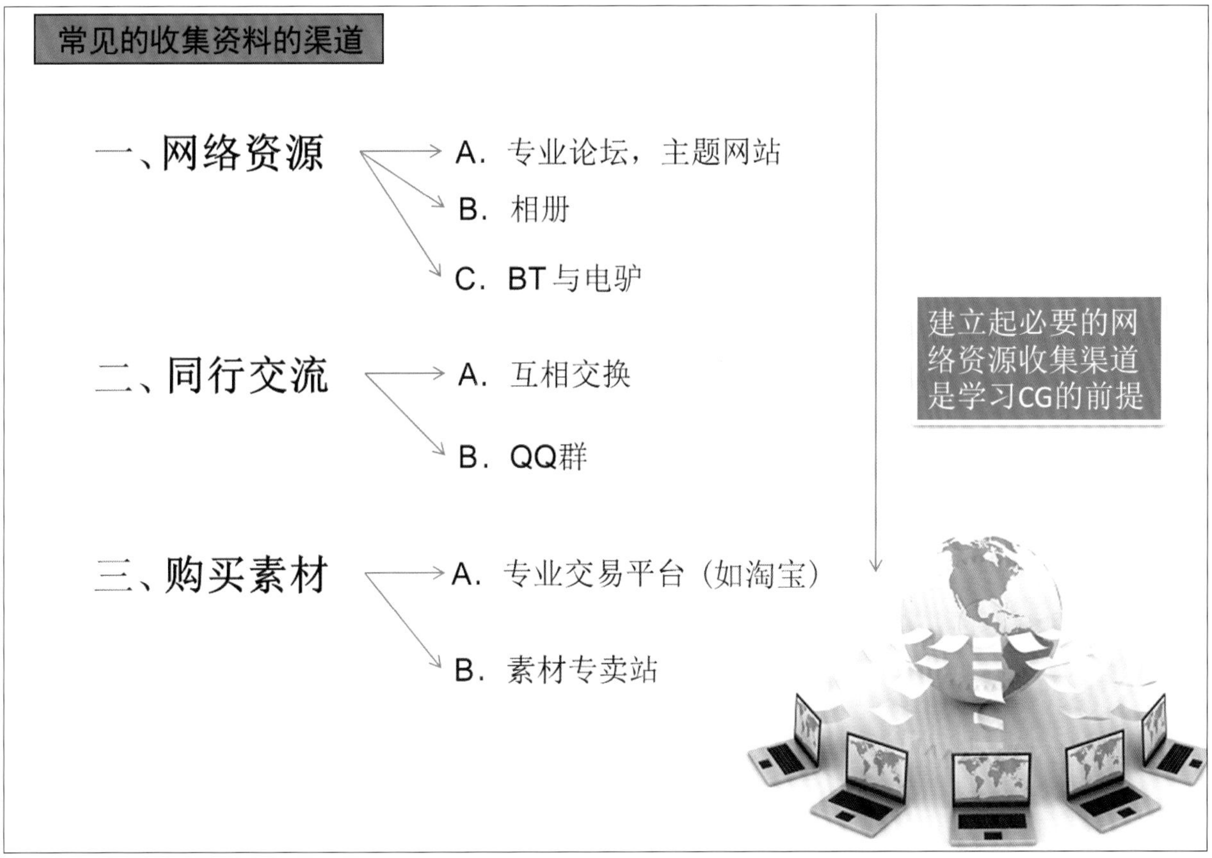

常见的收集资料的渠道
一、网络资源
A. 专业论坛，主题网站
B. 相册
C. BT与电驴
二、同行交流
A. 互相交换
B. QQ群
三、购买素材
A. 专业交易平台（如淘宝）
B. 素材专卖站
建立起必要的网络资源收集渠道是学习CG的前提

图3-9

2.网络上的图片站。这一类型的资料库往往十分庞大，在收集的时候不可能面面俱到，所以应该选择自己需要的进行收集，并且要分类归纳到你的“收藏夹”里，并注意定时更新或添加。著名的CG网站有国外的CGtalk（http://www.cgtalk.com）,国内的leewiart网（http://leewiart.com）等，见图3-10、图3-11、图3-12。

3.网络相册。在网络上的一些个人相册里，经常会有一些罕见或自己不容易找到的资源，可以经常去些著名艺术家的博客相册，或者人气比较高的网络相册站点浏览、收集。

中国概念艺术论坛
http://forum.coowow.com
LeewiART论坛
http://leewiart.com
插画中国
http://bbs.chahua.org
CGFinal论坛
http://forum.cgfinal.com

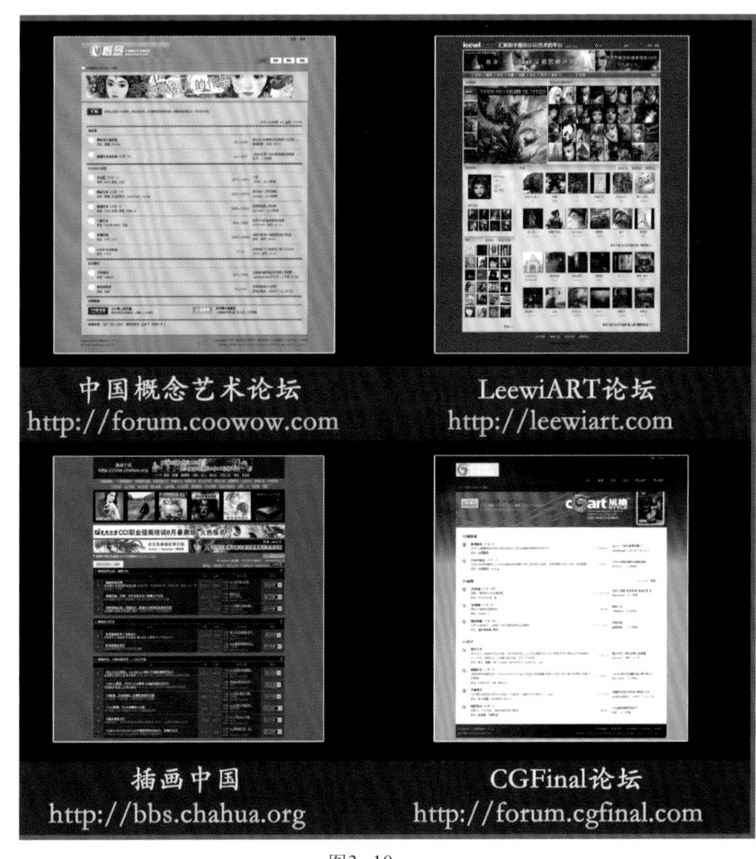

图3-10

图3-11

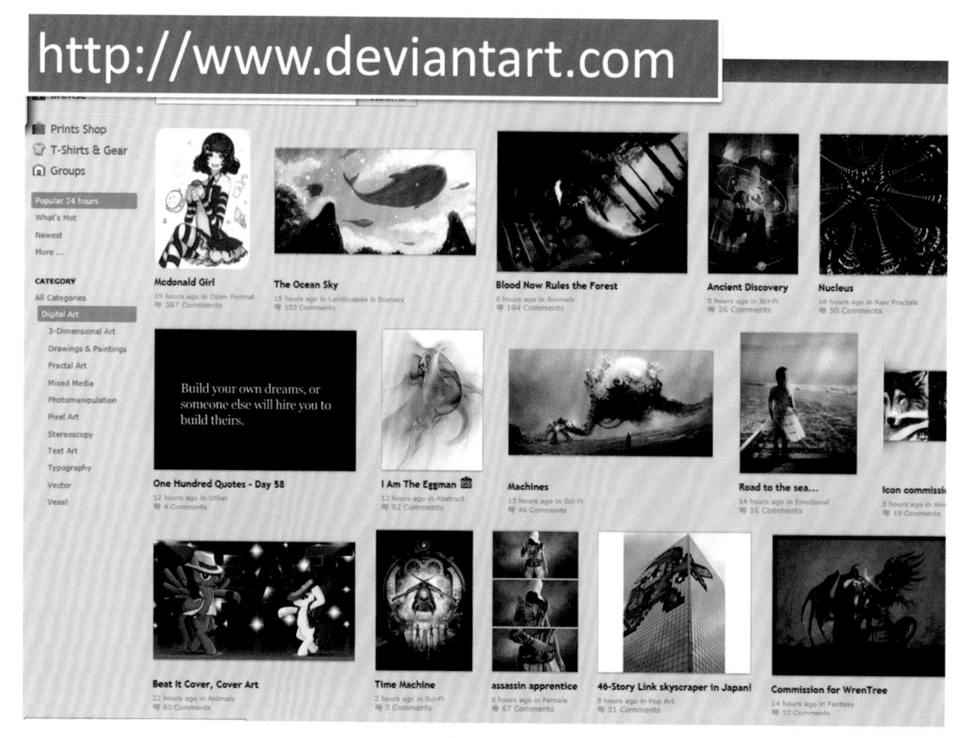

图3-12

4.BBS论坛。在美术专业的BBS或者是一些主题性很强的BBS中可以看到很多不错的图片帖子。由于这样的帖子量实在很大，一般直接看它的精华部分就可以了。下面给大家介绍在国内较有人气的站点，见图3-13。

5.素材光盘。优点是图片印刷级别高，很清晰，容易得到，但是真正能为我们所用的还是非常少的。所以买这一类型的素材光盘一定要有的放矢，需要云彩素材就专买云彩类，需要动物素材就专买动物类，切忌贪多，否则浪费很大。

6.通过扫描仪收集图片。因为扫描仪扫描资料的过程占用时间很长，除了那些十分罕见的原版画册或者不好找的图片，一般不提倡通过扫描收集资料。

7.电驴等资源下载综合站点，见图3-14。

图3-13

图3-14

（二）资料的分类

一个成熟的画家在电脑中是如何把纷繁复杂的资料进行分类的呢？

建议分为：作品类和素材类两个部分。电脑分为五个区域，第一区为系统和安装程序，其他区域以图形方式表示并说明。

1.作品类型的整理要注意：一般不要把PSD等未合成的原始文件放到机器上，一般用外接的硬盘保存。在机器上直接放JPEG的原始尺寸文件即可，一是印刷的标准已经足够，二是节约磁盘空间，减少大文件读取所造成的时间浪费，见图3-15。

作品类
插图 JPEG 大文件
动画作品
插图 JPEG 网络用小文件

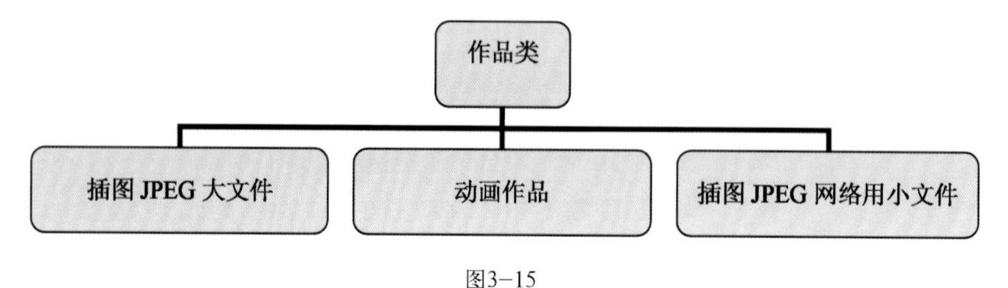

图3-15

2.素材类主要内容是“主题参考”，是把资料有主题地归纳起来的分类方式。比如“军事”算一个大栏目，里面又包括“战争绘画”“武器欣赏”“历代军服”等。而“收集的作品”里面又包括和CG相关的其他人的作品，这个也是资料量相当大的一部分。“底纹贴图”里面放着用于CG的一些特殊的材质。下面展示了素材类资料的必备四大类型，见图3-16。图3-17为人体参考的各种人物照片，图3-18为不同种类的绘画作品。

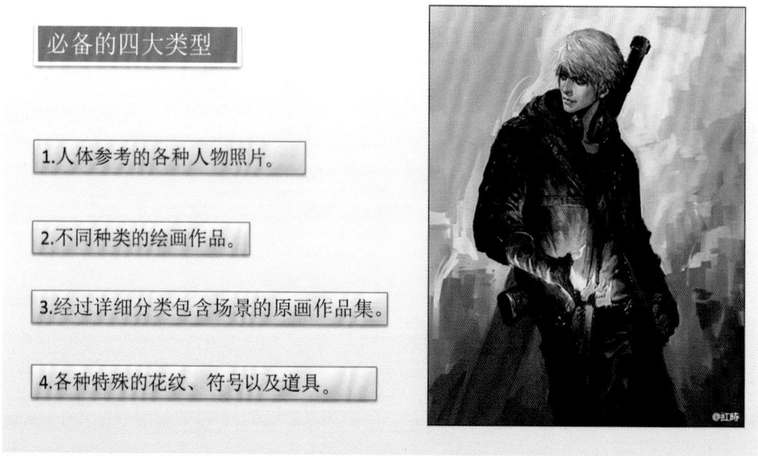

必备的四大类型
1.人体参考的各种人物照片。
2.不同种类的绘画作品。
3.经过详细分类包含场景的原画作品集。
4.各种特殊的花纹、符号以及道具。

图3-16

人体参考的各种人物照片
分类建议：
1.人体局部参考
2.男性分类照片
3.女性分类照片
4.动漫cosplay照片

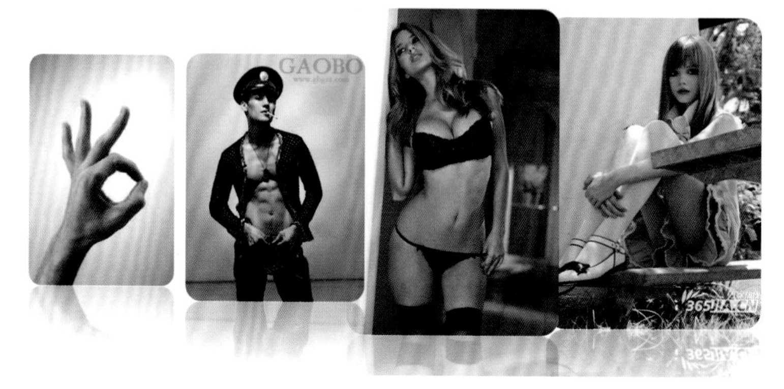

图3-17

（三）资料整理应注意的问题

1.资料过于多而杂，缺乏取舍。并不是所有的资料都是个人需要的，个人的创作即使再多元化也不可能会用到所有可能采集到的资料。所以根据需要进行大胆的取舍，把不需要的或者根本用不到的资料删除。

2.资料不但要看，而且要随时

图3-18

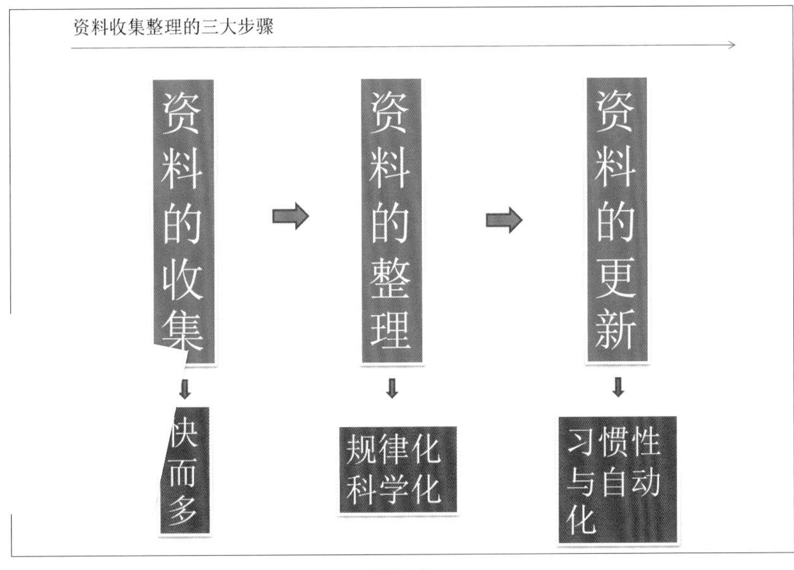

图3-19

整理，保持资料的新鲜以及个人对资料的熟悉感。

（3）千万不要把资料进行刻盘保存。一是常见的刻录光盘虽说理论上可以保存很久，但实际保存环境并不是都可以达到要求的，很容易造成光盘损坏，且目前市面上购买的光盘多为盗版，质量很差，不利于数据的长期保存。另一原因是单张光盘容量有限，用于保存资料时容易形成光盘堆积的情况，使得查找资料的效率非常低，会浪费很多时间。

所以我们总结出整理收集资料的三大步骤，见图3-19。

（四）资料的科学备份

采用大容量的外置硬盘来备份重要资料。随着计算机技术的飞速发展，特别是在信息化的今天，作为计算机主要外部存储设备的硬盘也相应地朝着大容量、高转速、低噪音等方向迅速发展着，更便利于个人化使用。

相对光盘存储来说，硬盘存储容量大，数据存取速度快，且容易做资料的更新、备份以及长期存储。现在大容量硬盘的市场价格已经越来越平民化，且最高容量也突破了TB级别，这为我们使用硬盘存储数据创造了又一优越的条件。图3-20是存储容量为3TB（约为3000GB）的活动硬盘，通常使用它来“搬运”上百G的数据。活动硬盘为方便携带，一般还配有专用包具和电源接口。

ESATA接口（图3-21）作为一种新的外部设备接口，相较于目前流行的USB2.0接口，同样有支持热插拔的特点，而且在传输速度上拥有着极大的优势，ESATA的理论传输速度可达到1.5Gbps或3Gbps，远远高于USB2.0的480Mbps，这在移动一些容量较大的数据时，有更为出色的表现。但ESATA的普及度不如USB接口，需要移动硬盘盒与个人电脑的主板内同时带有对应接口，因此，如果有条件的话，推荐使用。

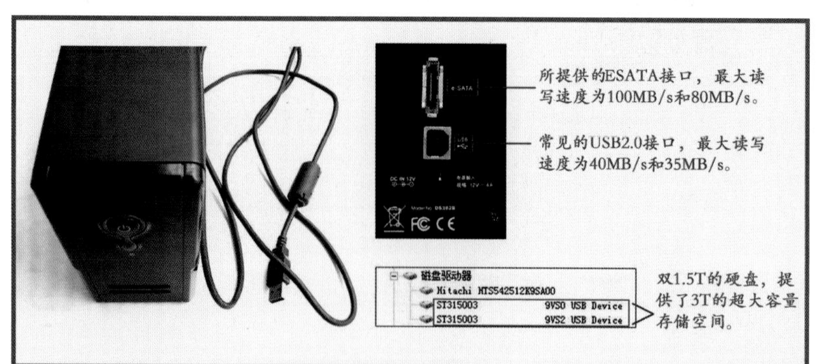

图3-20 3TB的移动硬盘

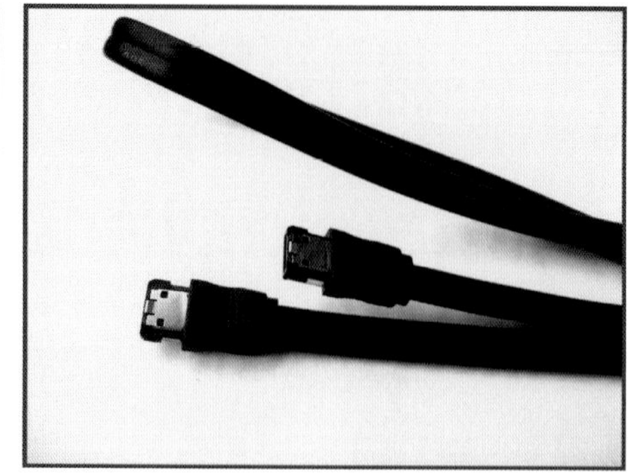
图3-21 ESATA接口

最后，我们对一些常见的资料整理中的问题给予总结：

1.遇到好的图片要及时扫描，及时保存图片，因为有些好图可遇而不可求。

2.机器上的资料要按时整理，常常翻阅，不要变成压仓货。

3.图片资料要做好备份，一旦丢失，失去的不是数据而是你的劳动。

只要做到了这几点，加上持之以恒的训练，一般来讲都能很好地掌握本章的内容，如图3-22。

图3-22

思考与练习

1.参考光盘附录《科学分类资料库》，将自己的资料进行科学分类。

2.仔细地对游戏角色设计和场景设计的资料进行进一步的分类，可以加入自己的分类概念。

3.收集整理网络站点更新的资料，并对它们进行备份。

第四章
游戏人物设计

游戏
动漫

第一节 人物设计标准流程

人物设计是游戏设计的基础。要打好这个基础我们就必须按照科学的规律从一些切实可行的方法开始实践。如果你一开始就选择了不合时宜的方法进行训练，那最后的学习结果也就可想而知。

CG上色的学习需要分阶段进行，开始的时候并不需要知道如何对细节做复杂的处理，如何表现复杂的效果，而是需要掌握一两种套路化的上色流程、思路，这样才可循序渐进地逐步磨炼，提升自己的上色技能。尤其是在游戏美术设计中，游戏原画作为其中至关重要的一环，更是需要具备标准化上色的能力，在游戏美术制作中起着承上启下的作用，更是需要有标准化的上色方式的能力。

按照不同的上色思路进行分类，目前常见的基本上色技法共有两种：分层上色技法和黑白上色技法。

这两种技法对于处理绝大部分的CG绘画表现都能适用，特别是对于绝大多数学习插画并且希望毕业后进入游戏公司从事原画工作的人来说，如果能熟练使用这两种上色技法，基本可以说是受用终身了。

这里我们只讲授分层线稿上色的技法。因为这一技法是方法的根本，也是最为通用的技巧，一旦掌握了，那么你只需要在网上去找点资料就能自己学会第二种技法。

本节以两个生动而简单的案例作为学习的开始，希望大家能够仔细比对各个步骤，最终达到掌握的目的。

分层上色技法，顾名思义，就是对人物上色时，将皮肤、头发、衣服、配饰等分别使用专属的一层进行绘画。在日本、韩国有大量的画家就是使用这种方法创作出了许多知名动漫、游戏的人物角色与插画，如图4-1。我们要进行游戏人物的设计，就需要将分层线稿上色法作为一种基本的方法来掌握。

这种方法具有以下几大优点：

其一，操作程序化，便于初学者把握。

其二，流程明确，适合学习。

其三，制作简单，容易吸收。

它是所有CG上色法的根本，也是一些CG技术的基础。

在图4-2里给我们展示了这种方法的标准创作思路。首先我们需要完成并整理这个线稿，然后按照从下到上的逻辑为作品加上完整的图层颜色，之后柔和过渡，再加强光源效果。

图4-1

图4-2

怎么把线稿从底层上选择出来呢？我们在CG的实际操作中，常常遇到这样的问题。这个教程是我们学习所有CG插图、漫画制作技巧的第一步，也是基础中的基础。

我们首先打开一张扫描在电脑里面的线稿，如图4-3。因为我们的绘画工具是铅笔，所以线稿的颜色会非常不清晰和灰暗，并且脏东西很多，那么下面我们的工作就是加强线稿的对比和剔除脏的部分。

我们单击“Image”（图像）—“Adjust”（调整）—“Levels”（色彩平衡）（快捷键：Ctrl+B）调出色阶控制面板。拉动滑竿，把线条的黑色加强，如图4-4。

放大图像我们可以看到不少灰色的脏东西，如图4-5。

然后我们用“Levels”面板里面的吸管工具，如图4-6，点击我们看到的那些灰色的脏斑。

再调节我们的滑竿，直到我们的线稿变得干净又不失细节为止，如图4-7。

图4-3

图4-4

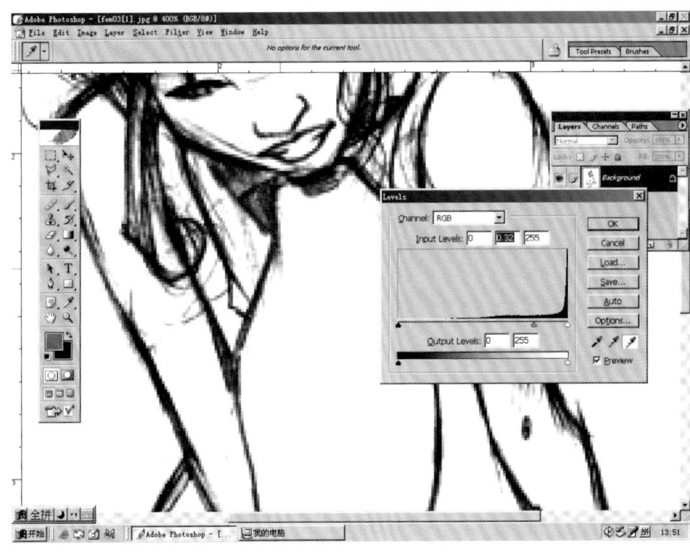

图4-5

接下来我们需要把线条从背景层上选择下来。单击“Select”（选择）—“Color Range”（色彩范围），如图4-8。

进入选择面板后，用吸管吸取我们画面上最深的颜色，再调整上面的滑动杆，直到白色的范围饱和而均匀为止，那就是我们选择好的范围，如图4-9和图4-10。

点击确定后生成一个选择区域，那就是我们的线稿，如图4-11。

用快捷键Ctrl+X把选择区域内的线稿剪

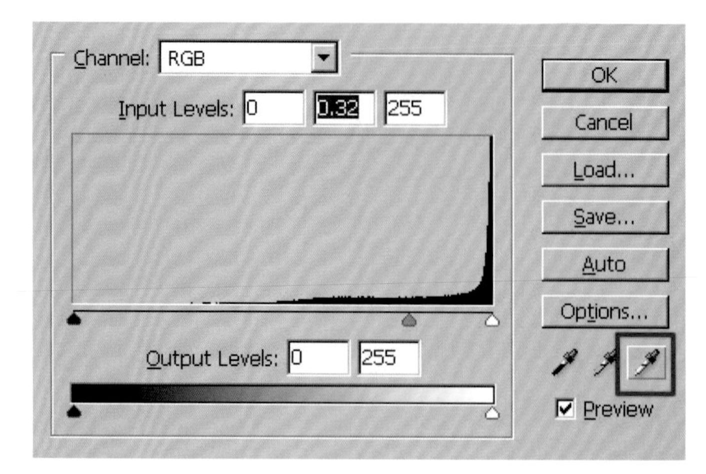

图4-6

图4-7

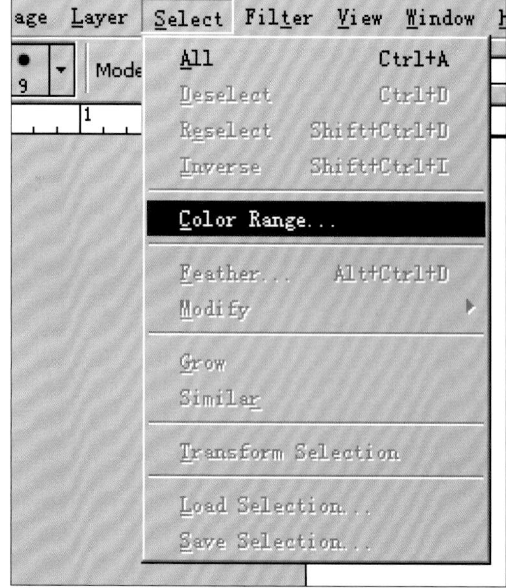

图4-8

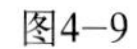

图4-9

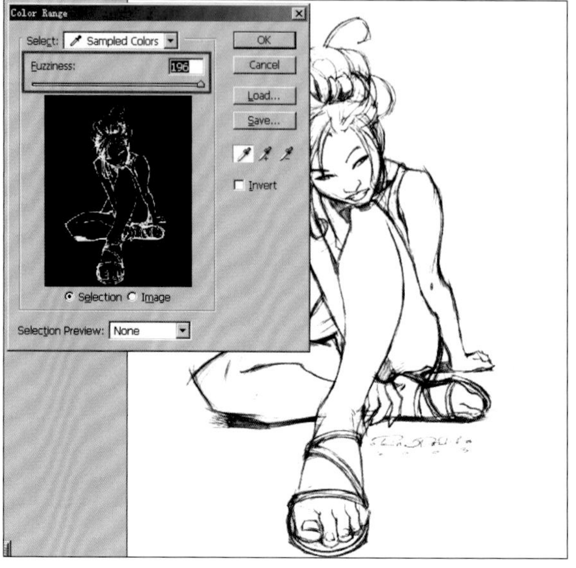

图4-10

切下来，再复制两到三层。这样做的目的是为了弥补一些线稿质量的损失，如图4-12。

把那些复制的层合并好（注意不要和背景合并了）。合并的选项在如图4-13所演示的小尖头内，只要是懂点英文的朋友，都能基本看懂。

然后我们设置线稿图层的叠加属性为“Multiply”（正片叠底），如图4-14。

接着在线稿的图层上单击鼠标右键，选择“Layer Properties”（图层属性）为线稿层命名。因为如果图层多了，我们不好识别，如图4-15、图4-16。

接下来我们单击“Image”（图像）—“Adjust”（调整）—“Hue/Saturation”（色彩控制）（快捷键：Ctrl+U），调整画面色调为偏暖色调，是比较理想的色调基础，如4-17。

如果颜色调节的效果不明显，可以勾选“Hue/Saturation”面板里面的“Colorize”（罩色）选项，如图4-17和图4-18。

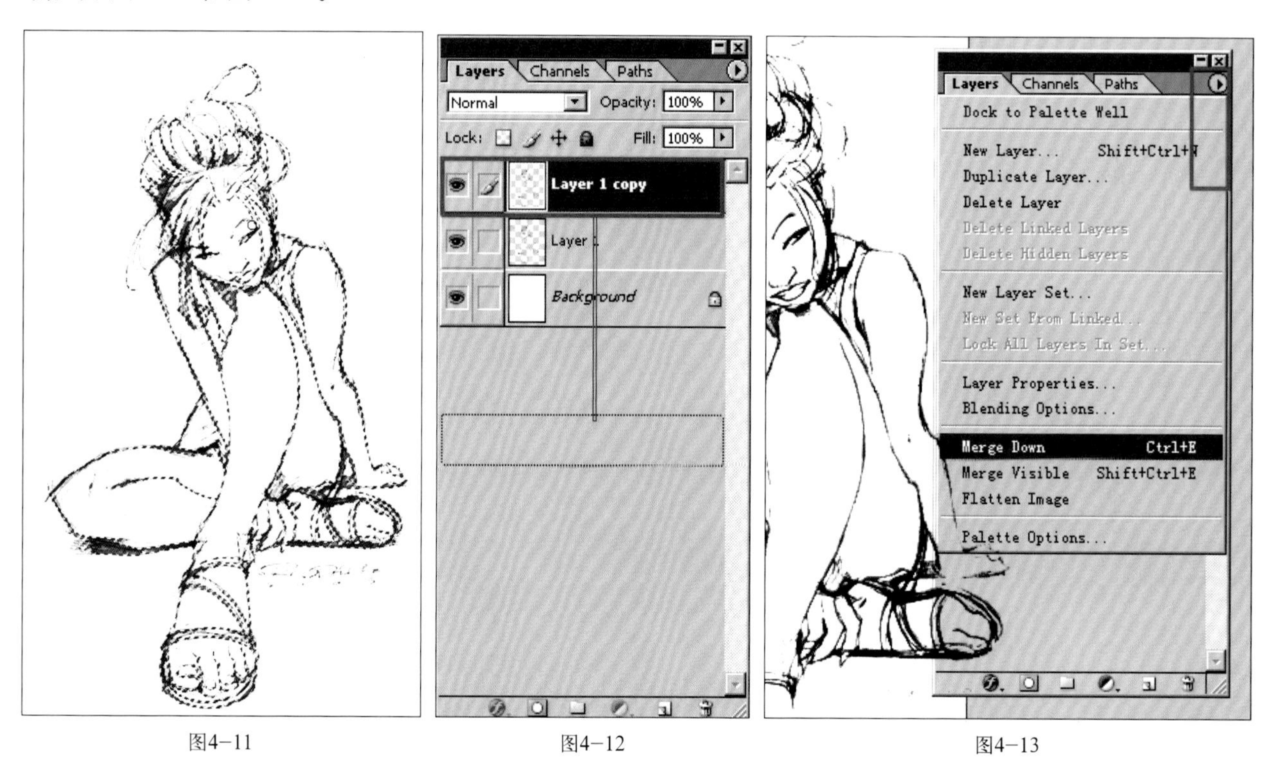

图4-11 图4-12 图4-13

图4-14

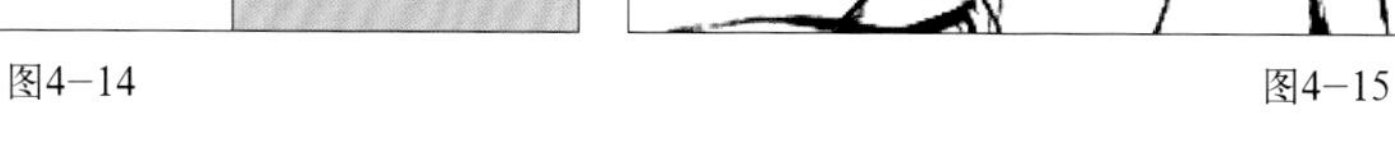

图4-15

图4-16

图4-17

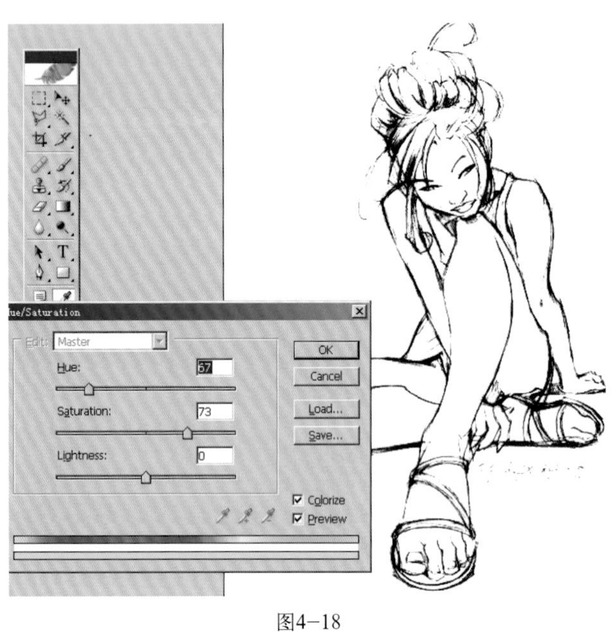

图4-18

图4-19

最后我们可以在线稿的下面再新建一层，作为我们的色彩层，继续着色。颜色不会对我们的线稿有任何影响，可见我们的线稿分层已经成功了。以后无论我们添加多少图层，都在线稿的下面，背景的上面，这个是基本的规范，如图4-19。

分层上色案例一

在学习了线稿的选择以后，我们接下来需要做的是熟悉Photoshop的基本功能以及快捷方式。这些练习对我们后续的学习非常有用。下面的这个教程展示的内容可以说是任何学做CG的朋友都必须经历的一个过程，那就是通过规范的分层制作，来理解CG里面的重要内容——浮动图层的含义。还是和以前一样，我们需要把线稿扫描在电脑里面，如图4-20。使用前面学习过的方法复制分层，并把线条变成暖黄色，如图4-21。

为了节约时间，我们可以进行色彩面板的订制。在CG里面，不提倡自己在工具栏里面的选色板里进行取色。因为那里的颜色都是单色系的调节，根本无法控制。所以最好的办法是选取别人已经画好的画面的颜色。取三到五种主要色调的色彩，一种补色，以及最深的颜色和最亮的颜色。然后

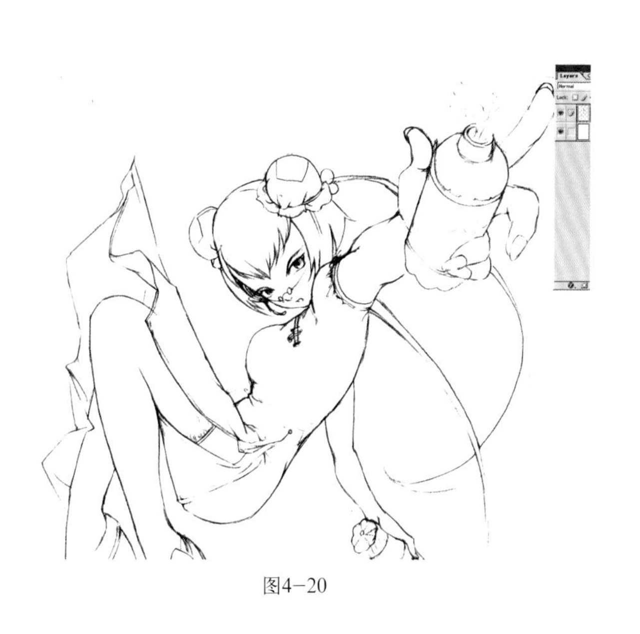
图4-20

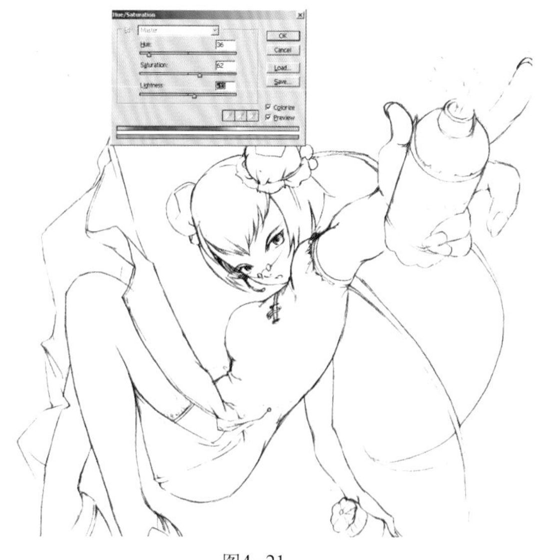
图4-21

用100%透明度的笔把它们画在画面中一个新建的图层上。图片中几乎所有的颜色都可以靠这几个颜色混合出来，既节约了时间又控制了画面的色调统一，如图4-22、图4-23。

然后我们在线稿的下面、背景的上面建立我们的皮肤层、衣服层，相同颜色的部分划分为一个层次。开始的颜色是什么不重要，重要的是把上颜色的边际给分隔开来。开始我们为人物衣服上的是橘黄色，如图4-24所示，后来再调节成了深红色，如图4-25。因为我们的图层是分开的，所以对各个层次颜色的控制是非常容易的。色彩调节面板如图4-21所示。

饮料飞溅出来的感觉也是凭借着经验来进行绘制的，如图4-26。

下面我们开始面部的绘制。所有的绘制我们都遵循从单色到复色，从简单到复杂的原理。首先用变化不是很明显的两个颜色把面部划分为两个层次，如图4-27。

然后加强明暗交界线，如图4-28。

鼻子上暖红的颜色和高光是画面必需的亮点，如图4-29。

嘴唇的颜色不要画得太过于肯定，要用柔和的笔调表达性感的因素，如图4-30。

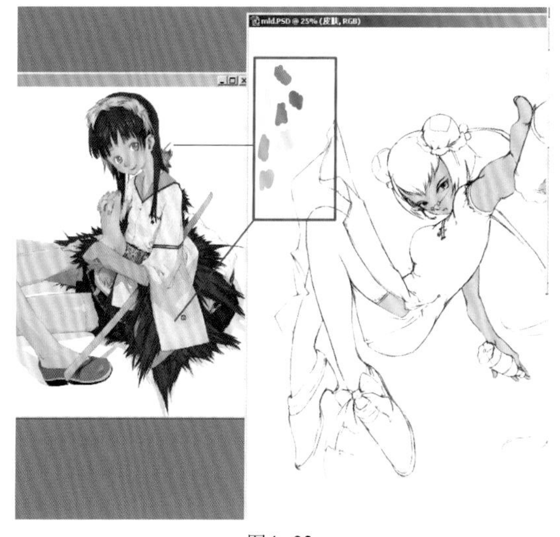
图4-22

Levels...	Ctrl+L
Auto Levels	Shift+Ctrl+L
Auto Contrast	Alt+Shift+Ctrl+L
Auto Color	Shift+Ctrl+B
Curves...	Ctrl+M
Color Balance...	Ctrl+B
Brightness/Contrast...	
Hue/Saturation...	Ctrl+U
Desaturate	Shift+Ctrl+U
Match Color...	
Replace Color...	

图4-23

图4-24

图4-25

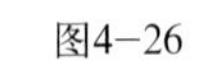

图4-26

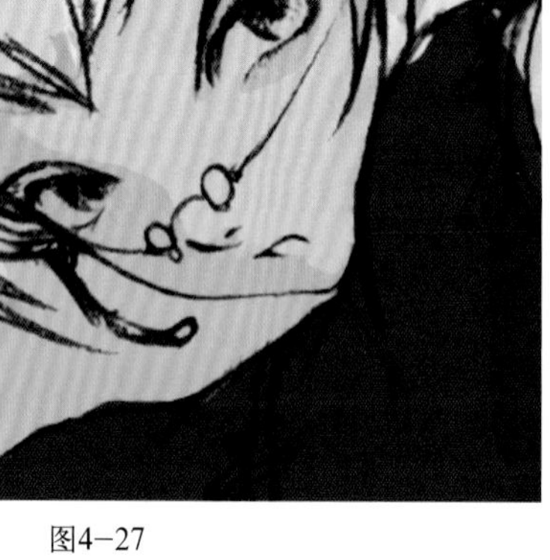

图4-27

图4-28

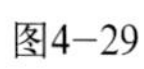

图4-29

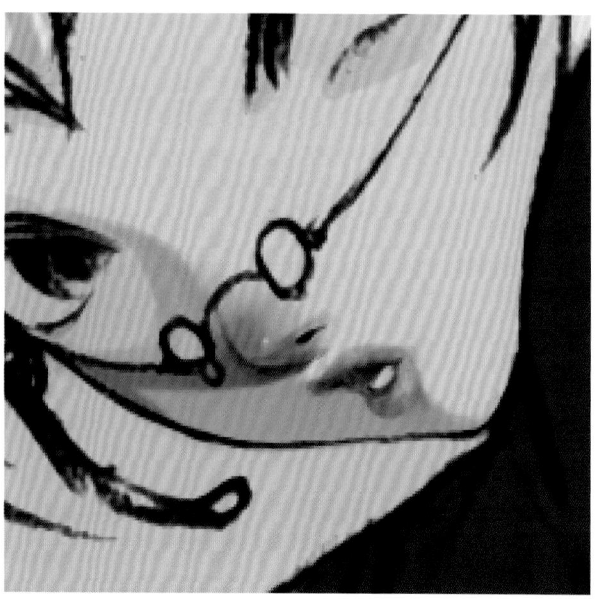

图4-30

眼睛是一个圆形的体积，所以描绘眼睛的时候要注意画出球体的感觉，高光的处理也可以加强这种感觉，如图4－31。

在头发的处理上，我们也依据前面的步骤，将头发分为底色层次和暗部层次，如图4－32和4－33。

在底色上不要做任何的改动，在暗部的那层上可以自由地运笔，前提是我们可以把底色层次界定在它本身的范围内。这样无论我们的笔触有多大，都不会超出到画面的其他部分去，如图4－34。

细节总是集中出现在明暗交界线的地方。所以无论是那里的线条疏密，还是穿插关系都要做到确实的讲究，如图4－35。

反光部分的冷色要大面积地归纳，但是要控制在统一的色调内，如图4－36。

并不是所有的地方都需要画得过分地肯定，特别是在质地柔和的地方，我们可以用有柔和效果的喷笔来把坚硬的边缘给柔化，如图4－37、图4－38。

图4－31

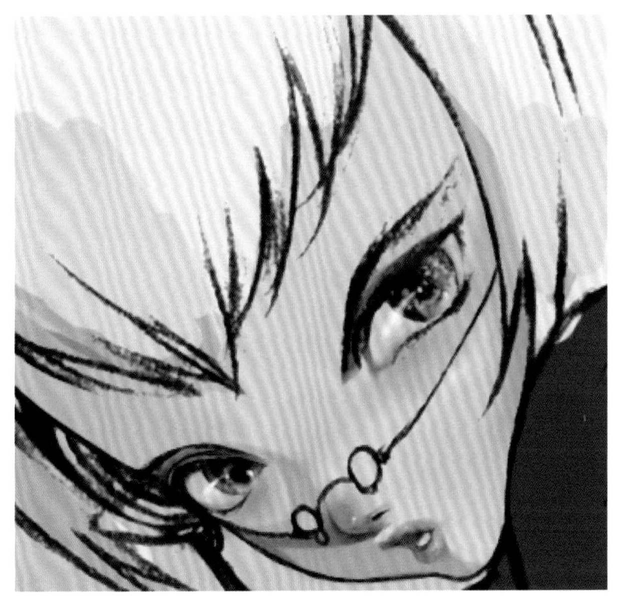

图4－32

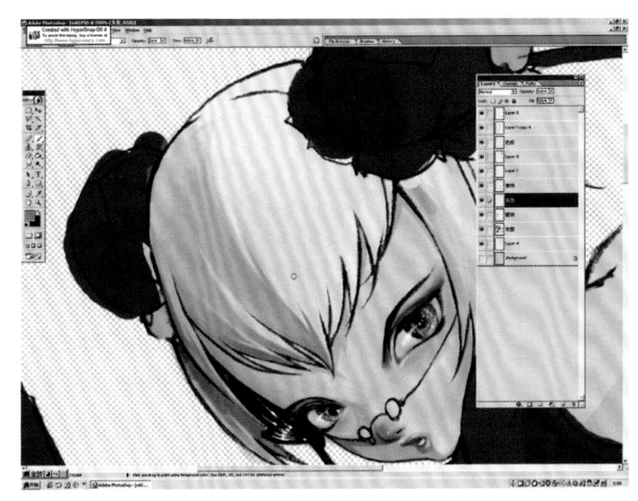

图4－33

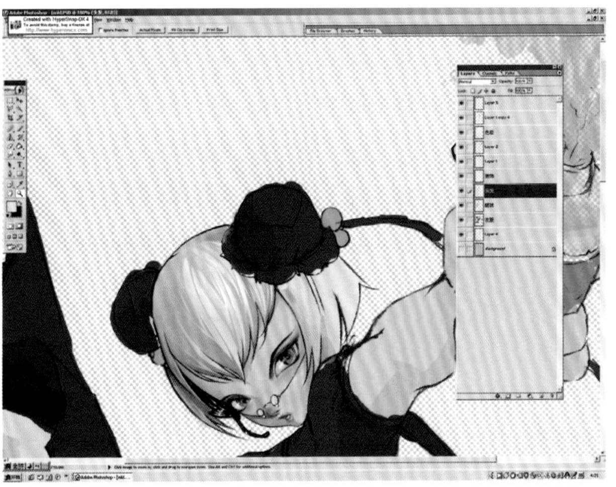

图4－34

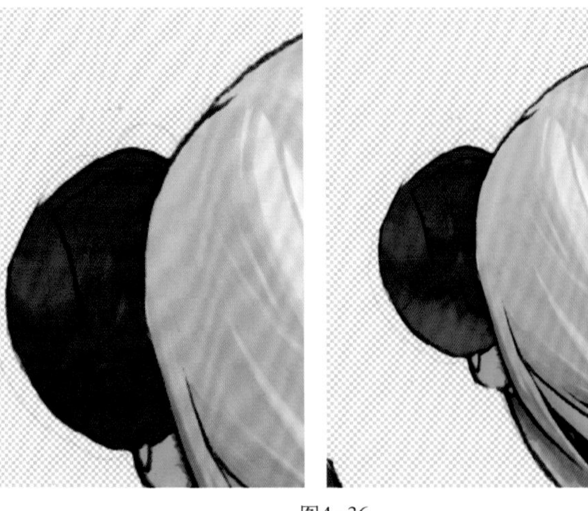

图4-35

图4-36

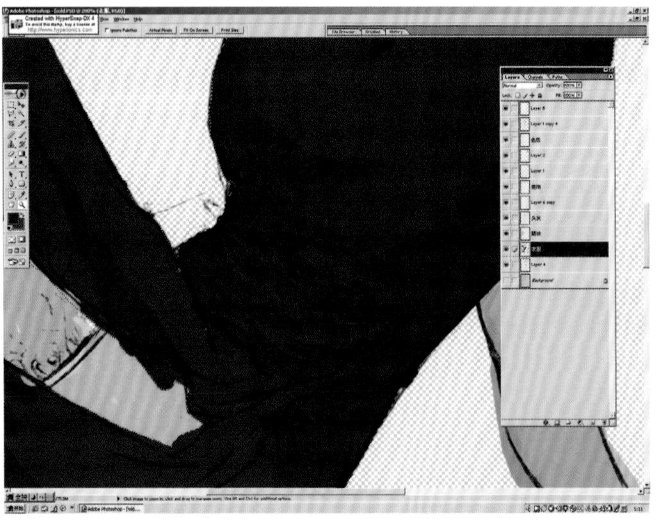

图4-37

图4-38

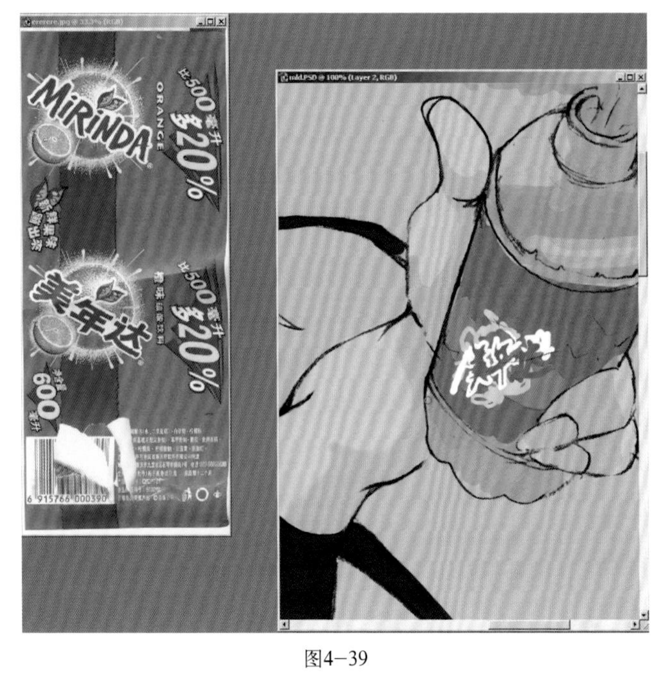

图4-39

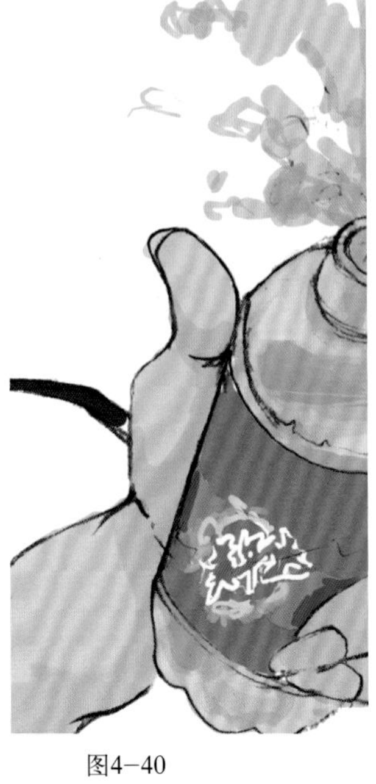

图4-40

因为是一个关于美年达的主题绘画，所以我们可以把美年达的商标扫描在电脑里面，取色进行绘制。当然颜色是需要归纳的，如图4−39～4−41所示。

饮料瓶飞溅出的液体要夹杂白色的小点，才能体现透明而丰富，如图4−42。

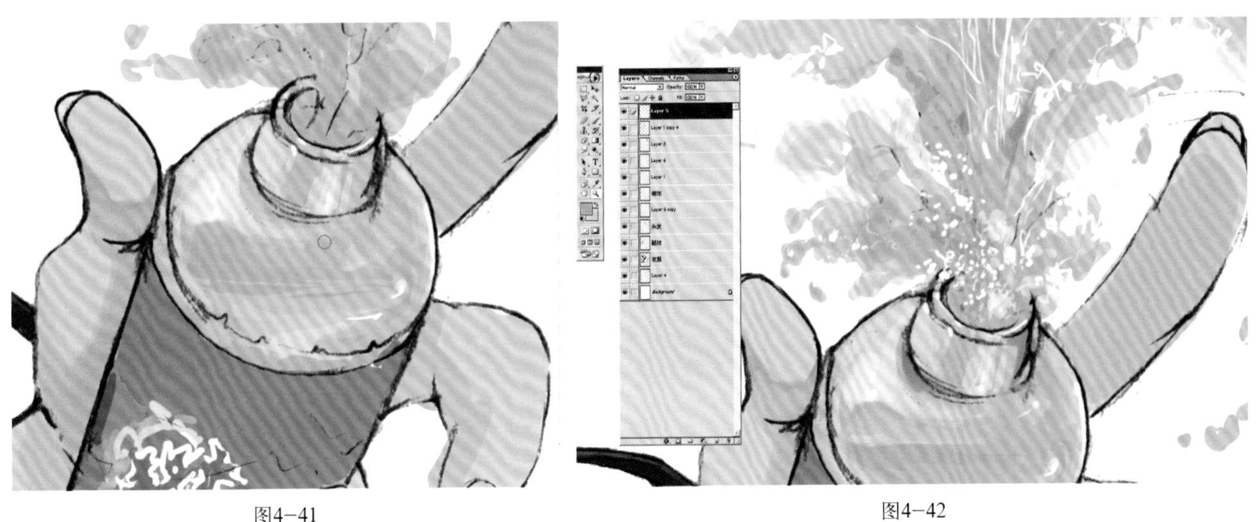

图4−41　　图4−42

图4−43

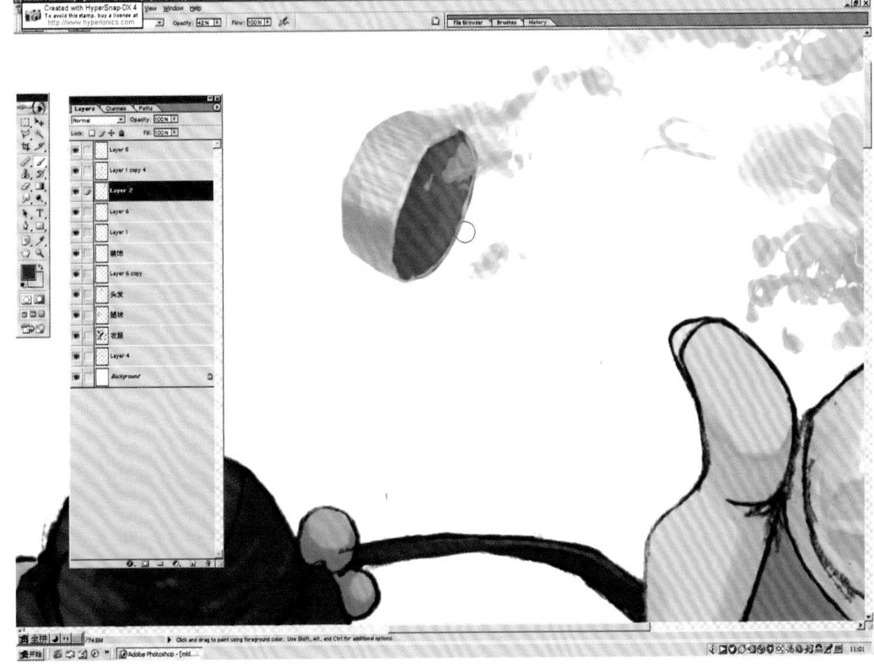

图4−46

图4−44

图4−45

汽水瓶盖的绘制过程向我们简单明了地说明了一个有体积的物体的成形过程。这里要强调的是，底色一定是100%的纯色，如图4−43～4−46所示。

后面的瓶子也用同样的方法处理，如图4−47和图4−48所示，因为我们的颜色是分层的，所以我们可以非常方便地对各个部分的颜色进行调节。这里我觉得后面那只手的颜色应该灰

图4-47　　图4-48

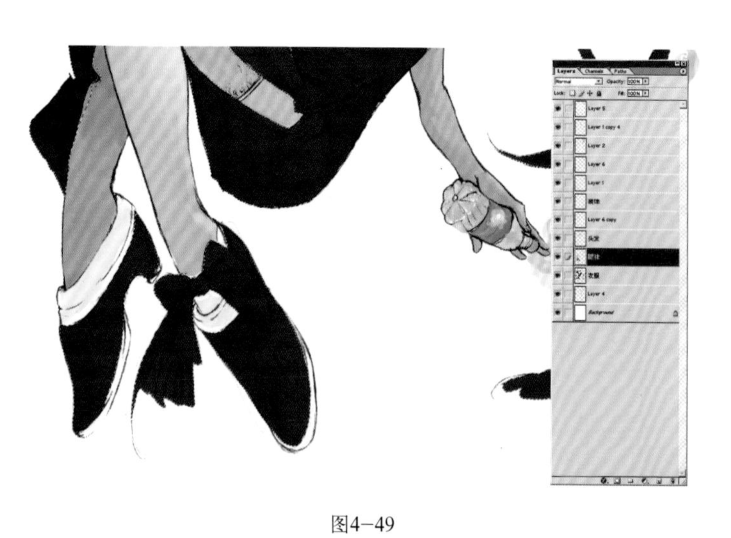

图4-49

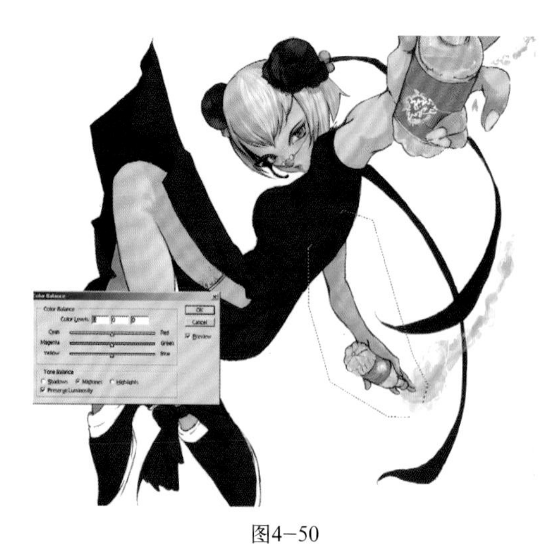

图4-50

图4-51

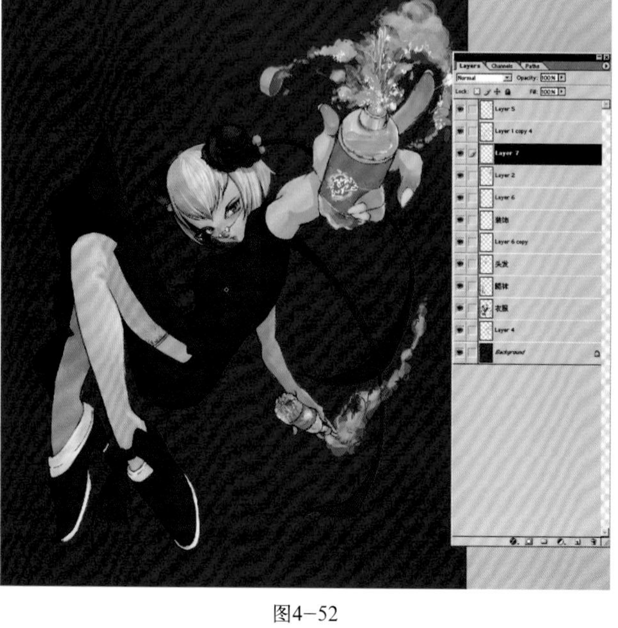

图4-52

一点，所以直接把它选出来进行变形或是调节，如图4－49、图4－50。

在蓝色的背景色上，我们可以看到那些画漏的地方。因为我们原本计划画白色上去，但是背景默认的也是白色，所以我们以为自己画了东西上去，其实什么也没有，如图4－51、4－52。

最后我们把背景的颜色设置成偏暖的绿色，这样色调更加的融合，如图4－53。

背景中的中文字体是事先在白纸上用毛笔写好后扫描到电脑里的，如图4－54。

经过我们的变形（快捷键：Ctrl+T)和图层叠加模式的设置，一般实用的图层模式为Multiply(正片叠底)、Overlay(叠加)、Softlight(柔光)，如图4－55。

花纹的处理也是一样，至于怎么把花纹给选出来，和前面的线稿的选择是一样的。我们进入选择面板后单击“Select”（选择）—“Color Range”（色彩范围），如图4－56。

用吸管吸取我们画面上需要选择的颜色，再调整上面的滑动杆，直到白色的范围饱和而均匀为止。那就是我们选择好的范围，如图4－57。

然后把花纹剪切到图像上，如图4－58。

图4－53

图4－54

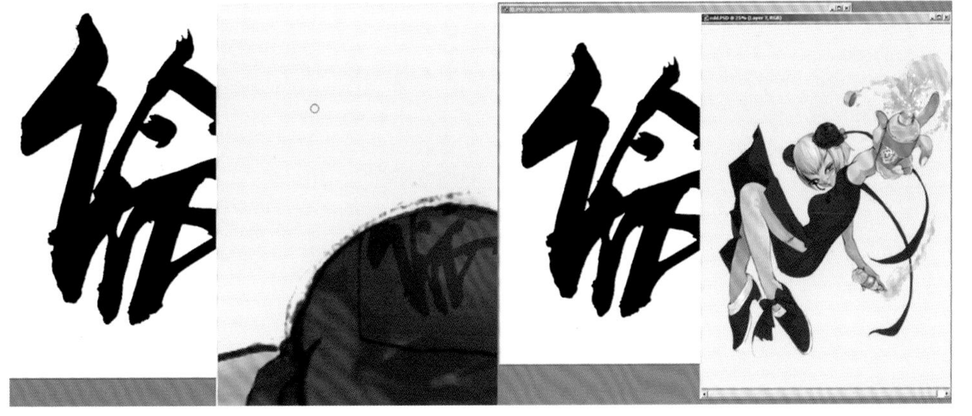

图4－55

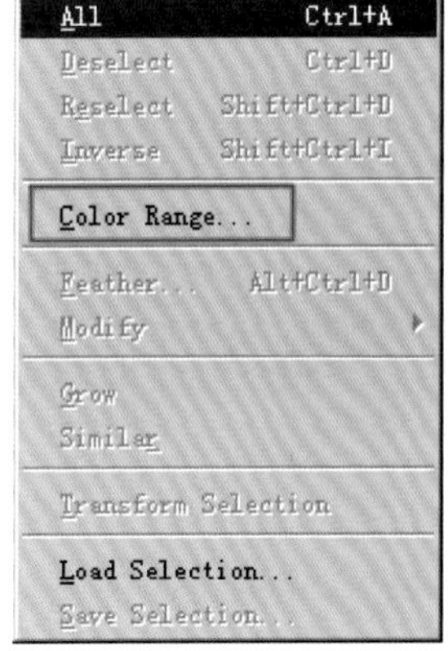

图4－56

图4-57

图4-58

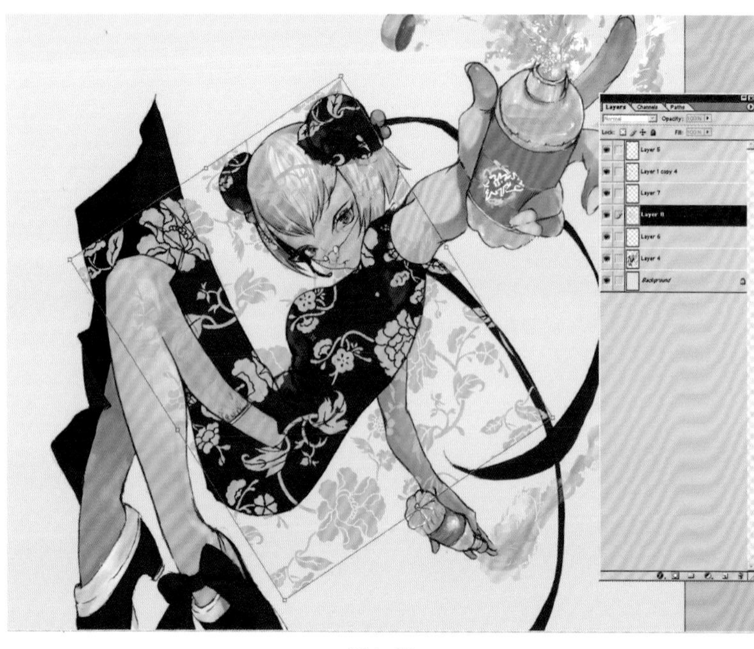

图4-59

图4-60

调整图层的叠合方式为Overlay，如图4-59，换换不同的颜色，找出不同的感觉，我觉得它更适合橘黄色，如图4-60所示，加上准备好的中文，如图4-61。

平时可以积累一个属于自己的字体素材库，在你使用的时候就变得非常方便了，如图4-62。

最后把人物的位置进行一个适度的旋转，如图4-63所示，再调成黑白的模式观察它的素描效果，如图4-64。记住，一切的色彩都必须适合素描关系，否则就不成立。

调整好各个方面后形成最终的完成稿，如图4-65。

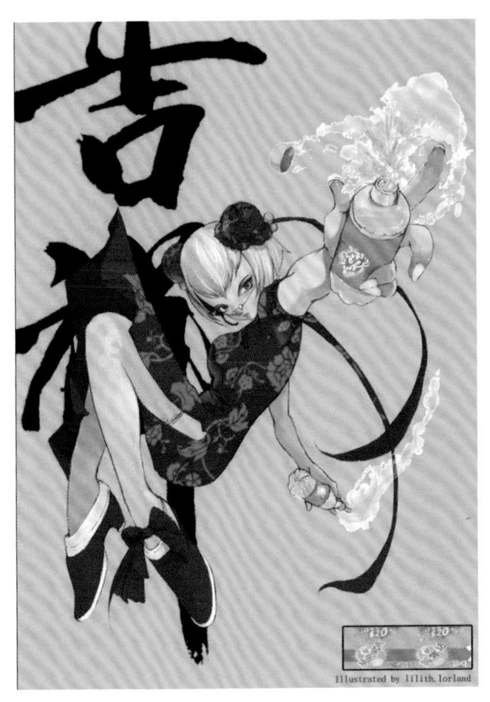

图4－61

图4－62

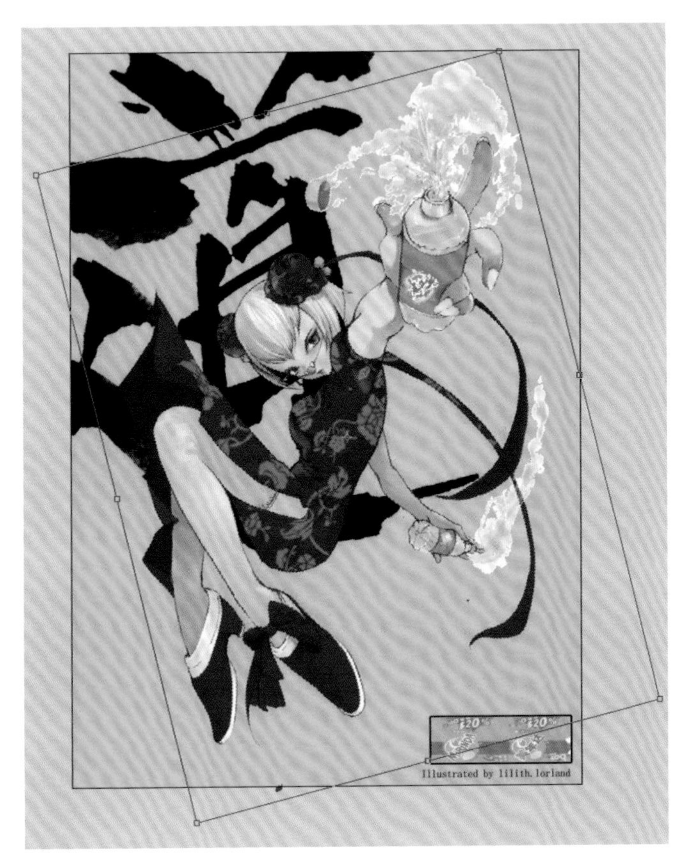

图4－63

图4－64

作品名称：《美年达时代》

创作工具：Photoshop CS、Intuos 2

完成时间：2003年12月

图4-65

分层上色案例二

首先我们要将原稿扫描至Photoshop，并在Photoshop里打开此图片，如图4-66所示。转换图片格式，单击“Image”—“Mode”—“CMYK”，将图片色彩模式转换成CMYK印刷模式。

提取线稿。1.全选(快捷键：Ctrl+A)；2.复制(快捷键：Ctrl+C)；3.单击工具栏选择蒙版工具(快捷键：Q)；4.粘贴(快捷键：Ctrl+V)；5.取消蒙版工具(快捷键：Q)；6.反选(快捷键：Shift+Ctrl+I)；7.平滑线稿，去掉锯齿边缘，单击“Select”—“Modify”—“Smooth”，设置平滑值为1；8.新建图层layer1，填充颜色，填充前景色（快捷键：Alt+Delete)或填充背景色(快捷键：Ctrl+Delete),然后取消选区；9.去掉背景层线稿。这样我们就将线稿单独分离出来，以方便我们后期上色，如图4-67。

图4-66 扫描并调整线稿色彩模式

图4-67 分离线稿

新建图层layer 2，在工具栏里选择“Brush Tool”笔刷工具，笔刷样式为“Airbrush Hard Round”。笔刷大小根据画面需要自行调整。调整好了笔刷后我们就进行下面的步骤。先对人物肌肤上色，如图4-68 肌肤上色。

初次着色采用平涂，将肌肤的固有色平整地涂满面部、手脚等肌肤处，如图4-69。

图4-68

图4-69

将人物肌肤颜色填充完后，锁定该图层。避免在画其他部分的时候无意中画在这一层上，如图4–70。

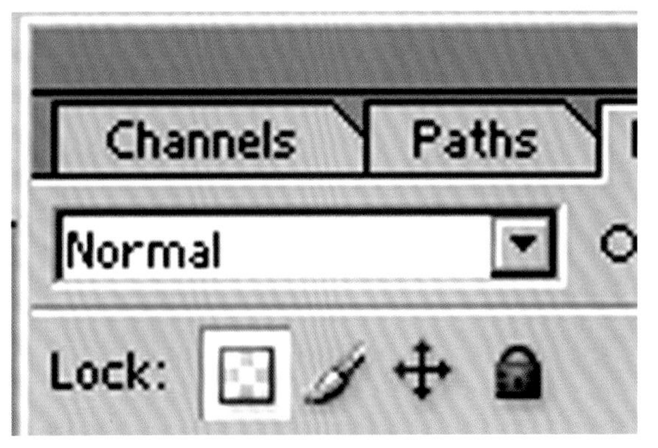

图4–70 锁定图层

现在我们要开始刻画肌肤的细节了。先确定画面中光源的方向是右上方。定好光源为右上方后，粗略地把被头发、袖口、裙子等遮住部位的阴影部分画出来，有一个整体的效果确定大致的光影关系，如图4–71。

图4–71

图4–72 刻画脸部的细节

进一步分几个部分进行深入刻画，先从脸部入手，在原有的明暗关系的基础上，逐步加深暗部和过渡色的层次感，丰富色彩，如图4–72、图4–73。

注意处理一下脸部的红脸蛋，使卡通的趣味更足一点。同时注意刻画脸部的反光，这样脸部上色大部分完成。

再用同样的方法处理其他部位的肌肤，如图4–74。

图4–73 脸部细节处理完成

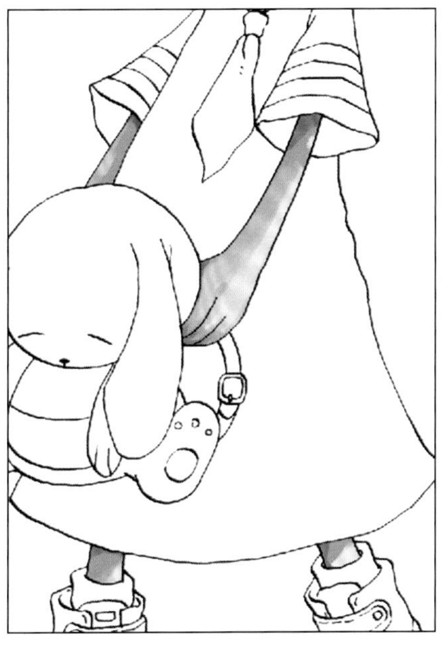
图4–74 用处理面部同样的方法处理其他部位的肌肤

下面是眼睛的处理。眼睛要画得像玻璃一样晶莹透亮。尤其是这种大大的眼睛的刻画，一定要表现出那种水汪汪的感觉。

先画出眼睛的固有色，确定大的关系，如图4-75。

然后加深眼睛的暗部的感觉，使明暗关系更明显，并加上高光和反光，如图4-76。

现在给肌肤加上高光，显得人物更为可爱。注意脸上的高光比眼睛上的高光柔和得多，如图4-77。

图4-75 进行眼睛的处理1

图4-76 进行眼睛的处理2

图4-77 对面部皮肤加高光

新建图层layer 3，为小女孩的头发上色。还是先把固有色平涂满头发区域，如图4-78。

为头发画上丰富的色彩。

先刻画头发的暗部，用比头发固有色深的颜色画头发的暗部。要根据光源照射的方向来画，暗部的位置与光源方向相反，如图4-79。

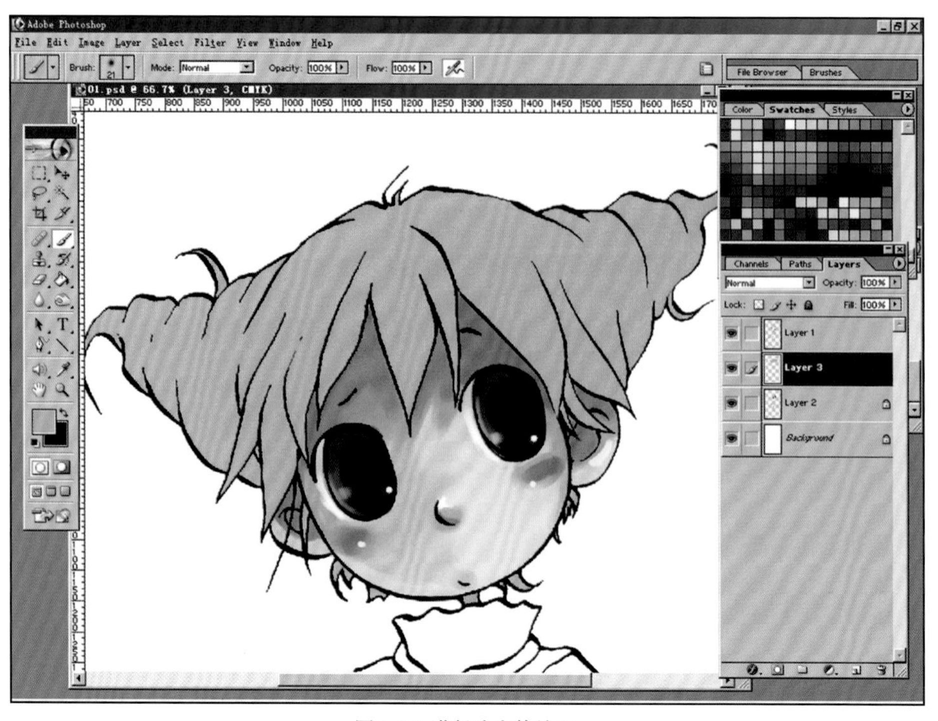

图4-78 进行头发的处理

然后再画亮部的颜色。由于光源是在右上方，所以在右边的头发会出现亮色。可用比固有色偏黄的浅色画亮部，以免颜色过跳，如图4−80。

最后画出头发的高光，注意要和眼睛的高光区别，如图4−81。

新建图层layer 4，为小女孩的衣服上色，如图4−82。

仍然是先画出衣服的固有色，如图4−83。然后对衣服的暗部细节进行刻画，以表现衣服穿在人体上的立体感，如图4−83。

图4−79 刻画头发暗部

图4−80 处理头发亮部细节

图4−81 画出头发的高光

图4−82 刻画衣服1

图4-83 刻画衣服2

图4-84 刻画衣服3

最后整体调整衣服的色彩变化，如图4-84所示。

新建图层layer 5，为衣袖和领带上色。

在袖子上画出明暗变化和袖口的条纹，接着画领带。为了和衣服的色调相呼应，这里应用偏黄的深绿色作为领带的颜色，亮部用更暖的黄绿色，如图4-85。

新建图层layer 6，为小女孩的鞋子上色。

方法和前面画衣服等的方法一样。先画固有色，顺便把袜子也画了，如图4-86。

加深鞋子的暗部颜色，并用偏冷一点的颜色画鞋子的搭扣，如图4-87。

画出鞋子的亮部和鞋底的颜色，如图4-88。

最后再刻画一下鞋子的立体感，如图4-89。

新建图层layer 7，为兔子书包上色。方法步骤同前面的一样，如图4-90～4-92所示。

图4-85 刻画衣袖和领带

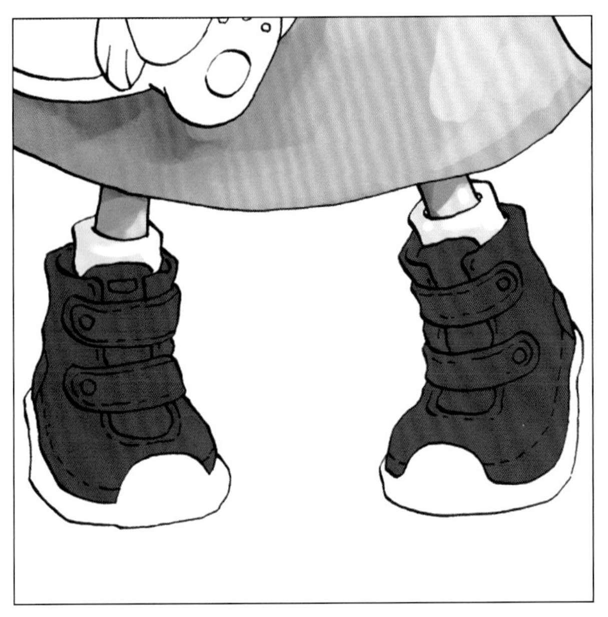

图4-86 鞋子刻画1

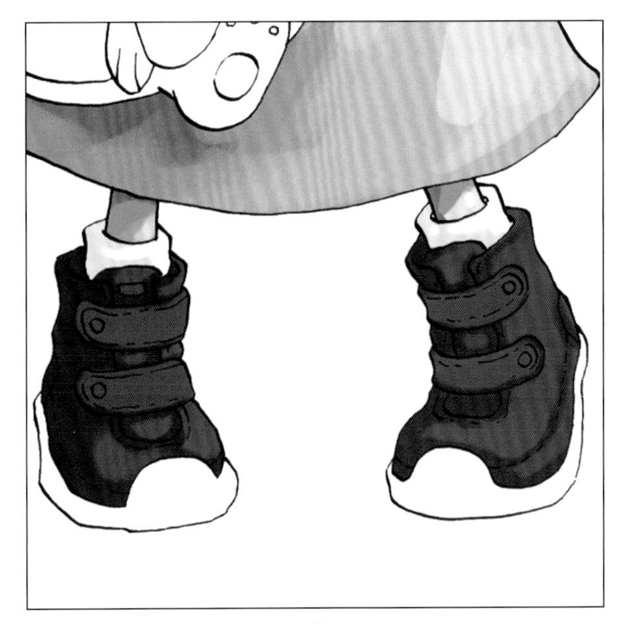

图4-87 鞋子刻画2

图4-88 鞋子刻画3

图4-89 鞋子刻画4

图4-90 书包刻画1

图4-91 书包刻画2

图4-92 书包刻画3

调整色彩。如图4-93所示，完成人物上色，涂上简单的背景，但要注意色彩的层次，图4-94为最终效果。

这样，一个可爱的小女孩就画完了。

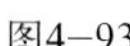

图4-93

图4-94

最后，我们以上图的案例来把本节所学习的内容做一个归纳。在图4-95中，我们可以看到分层线稿上色法的六个基本步骤，它们分别是“线稿绘制”“固有色平涂”“建立暗部与明暗交界线”“添加补色以及刻画面部”“高光点缀以及反光补充”“人物投影以及背景”。

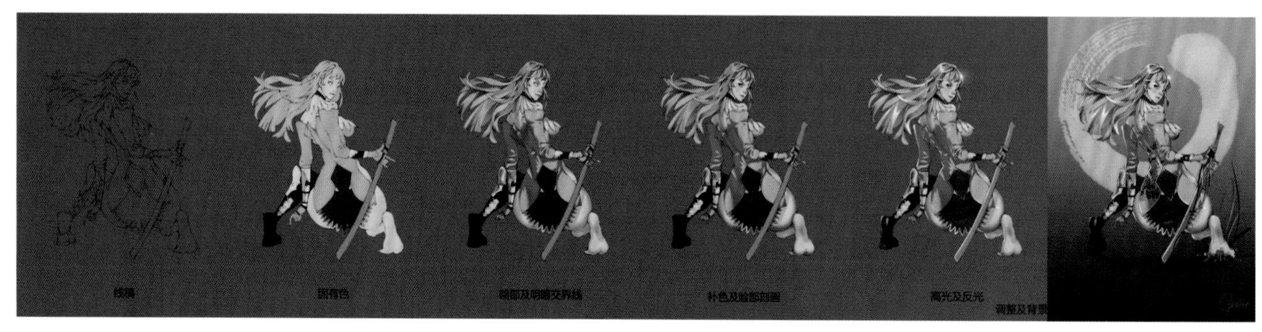

图4-95

我们不但要搞清楚这六大步骤的操作要领，更要明确其背后的深刻原理，这样才能真正达到举一反三的目的。

图4−96和图4−97展示了学生采用分层线稿上色法所完成的作品。当然这种方法远远不止于达到这样的效果，它还有更多的具体运用，我们后面的章节中将详细讲述。

图4−96

图4−97

第二节 基本元素标准画法

在插画的领域内，有很多的作品都离不开场景的绘制。场景的绘制可以说是CG插画师成长的必修课。在多年的教学中，我亲自参与培养职业的场景设计师，非常清楚在这个分支的绘画学习里，什么样的练习才是最重要的；也亲手开发过一些场景绘制的技法，将它们传授给一些学习者，帮助他们成长。而这些技法成就了其中的一些同学，使他们成了这个行业里的专业人士。

由于本书的重点并不在场景的部分，所以这个内容并非教你系统地画场景，而是抛砖引玉，通过基本的CG元素的画法来引导你上手绘制角色。毕竟所有的绘制都万变不离其宗。

游戏美术基础绘制——山石的绘制。下面是一个使用Photoshop画山石的教程，采用的是RGB色彩模式，主要步骤如图4-98。

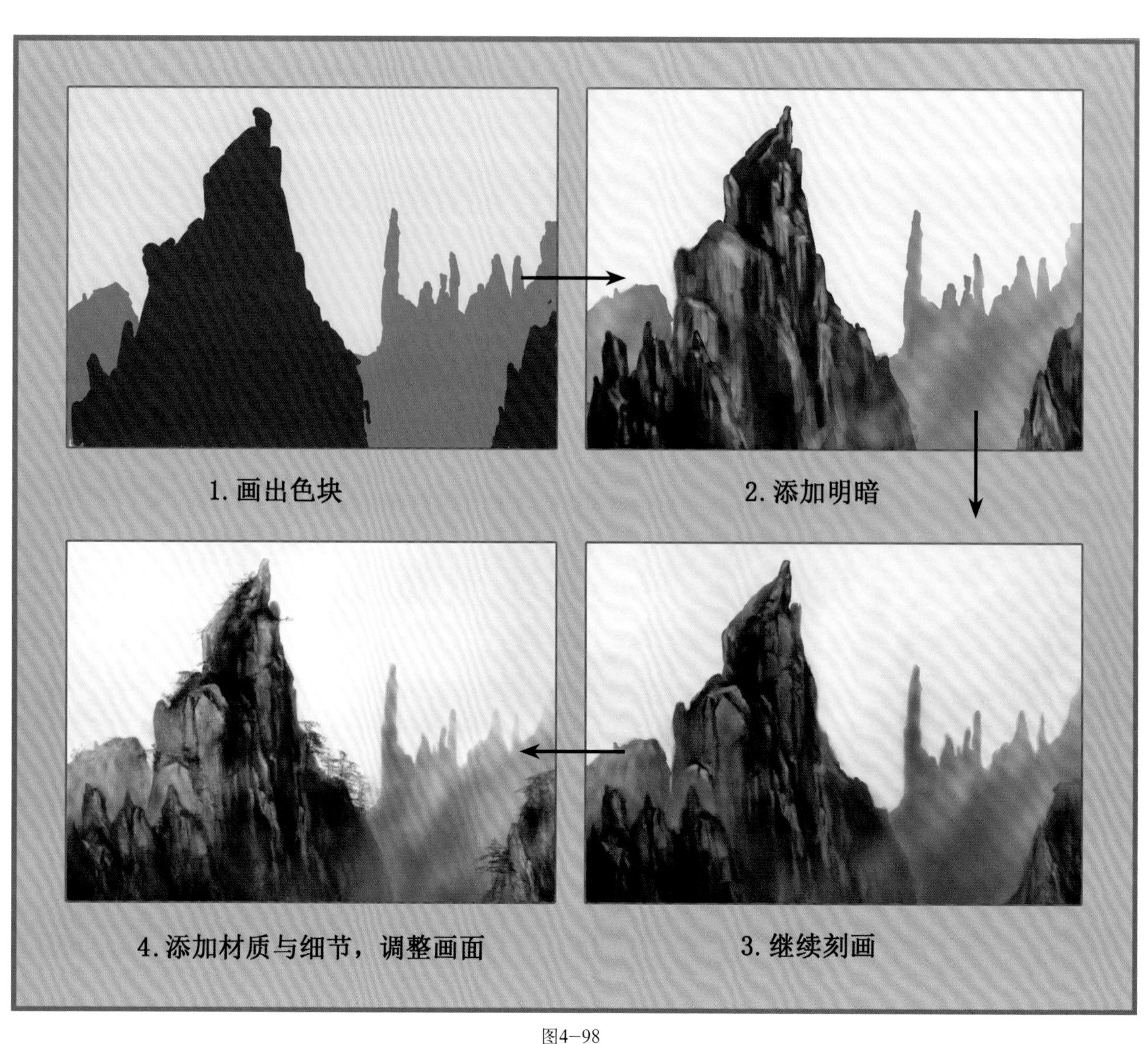

图4-98

每个步骤间的关系和所需技能与工作如图4-99。

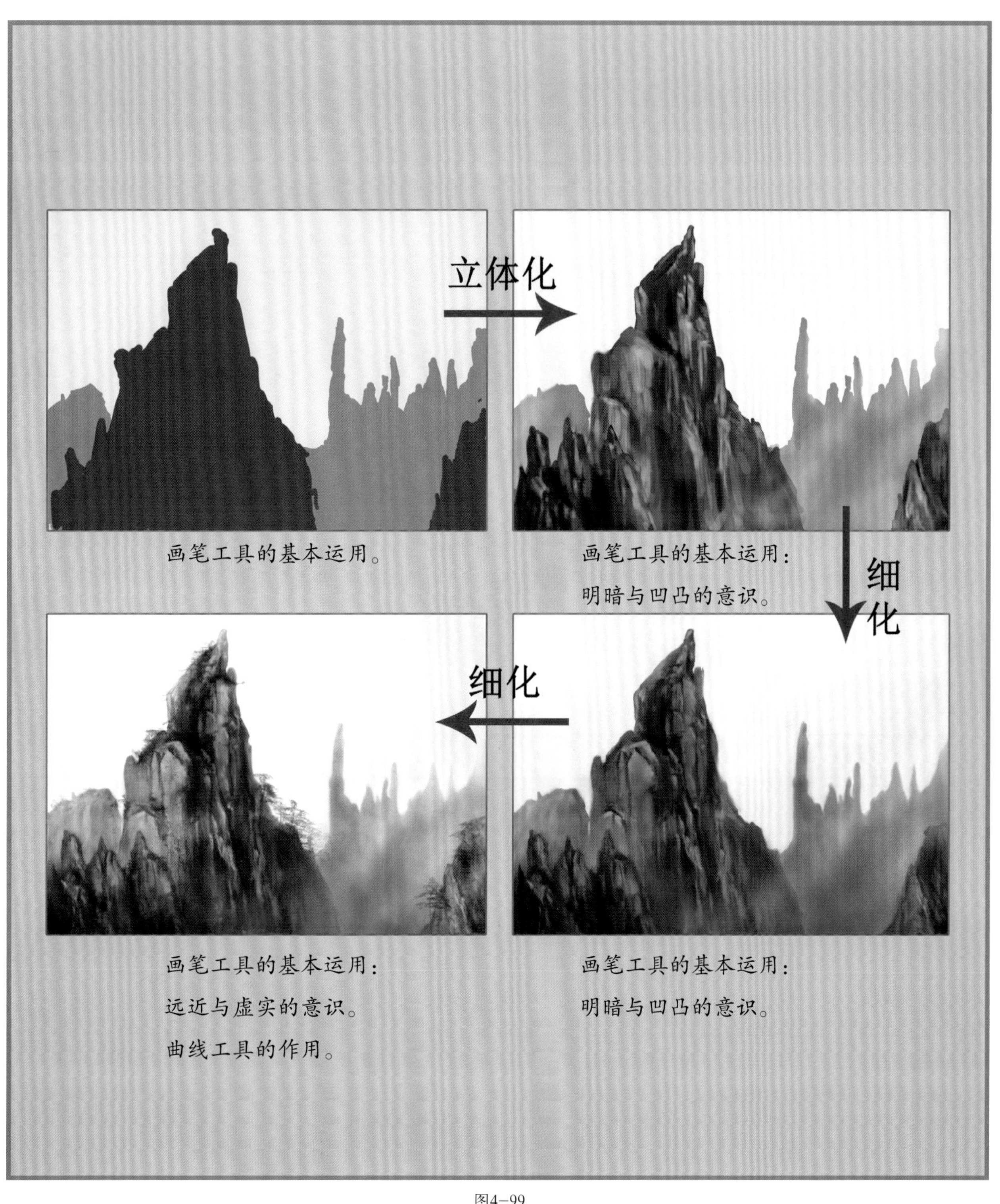

图4-99

首先，我们的绘画学习从山石的绘制开始。这是最简单的，也是最基本的。任何人只要按照我所教授的步骤去实施都能很容易地掌握。

一、前期准备

（一） 描绘对象分析

首先找一张图片作为参考。在这里挑选了一张风景名胜的图片，图中呈现出山石嶙峋的丰富变化，很适合转换为画作表现出来，如图4-100。

图4-100

（二） 常用特殊画笔设置

绘画时最常用的五个特殊画笔设置，如图4-101、图4-102所示。

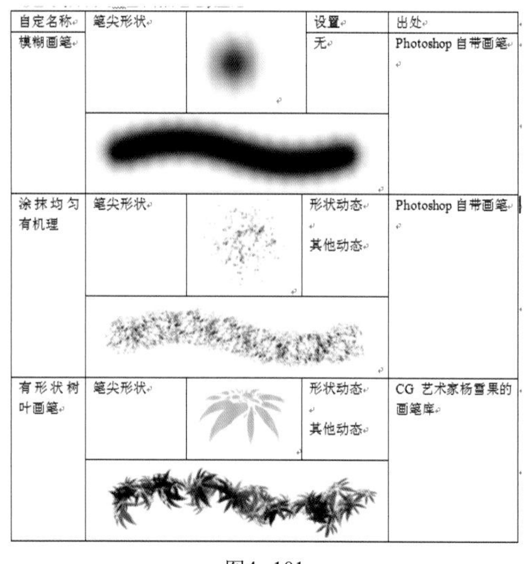

自定名称	笔尖形状		设置	出处
模糊画笔	笔尖形状		无	Photoshop 自带画笔
涂抹均匀有机理	笔尖形状		形状动态 其他动态	Photoshop 自带画笔
有形状树叶画笔	笔尖形状		形状动态 其他动态	CG 艺术家杨雪果的画笔库

图4-101

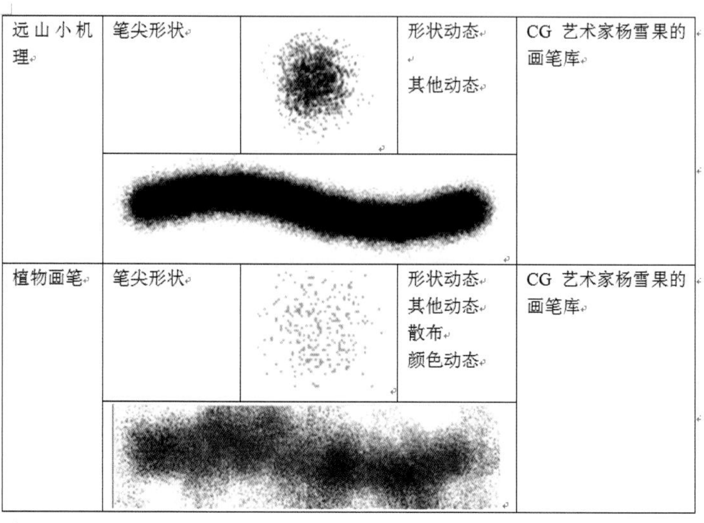

远山小机理	笔尖形状		形状动态 其他动态	CG 艺术家杨雪果的画笔库
植物画笔	笔尖形状		形状动态 其他动态 散布 颜色动态	CG 艺术家杨雪果的画笔库

图4-102

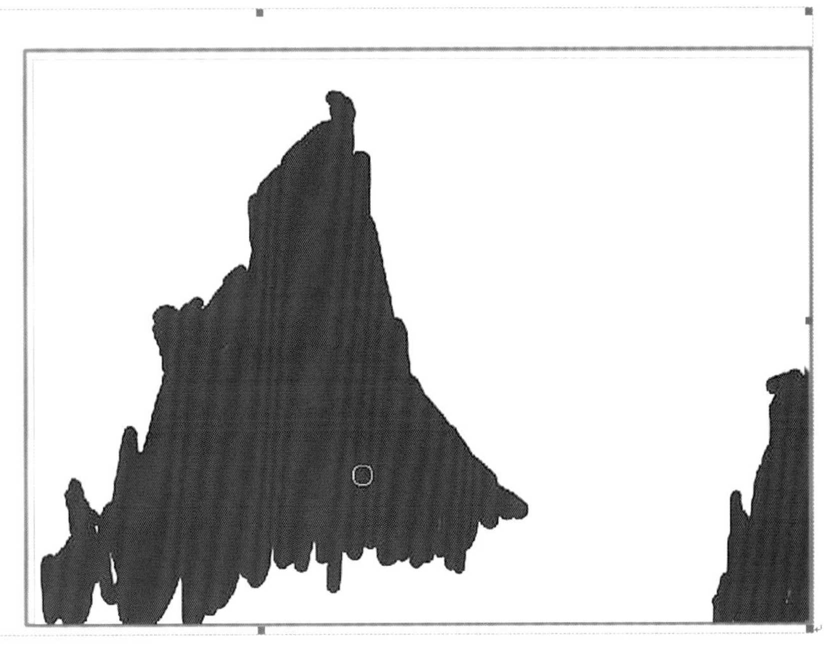

图4-103

图4-104

图4-105

二、绘制步骤

（一） 画出整体色块

新建文件，然后新建图层，把图层命名为“固有色”。把褐色 （R106、G77、B54）设为固有色，使用Photoshop的自带画笔画出近山的固有色，如图4-103。

接着把浅褐色 （R106、G77、B74）设为前景色，画出远山的固有色，如图4-104。

最后使用浅蓝色 （R208、G221、B233）填充背景图层，作为天空的固有色，如图4-105。

（二） 添加明暗

把粉色 （R218、G202、B191）设为前景色，画笔调节如下图4-106，首先画出亮部的范围，如图4-107。

接着把深褐色 （R53、G38、B37）设为前景色，沿着亮部的边缘画出暗部，如图4-108、图4-109。

这个阶段的画面如下：

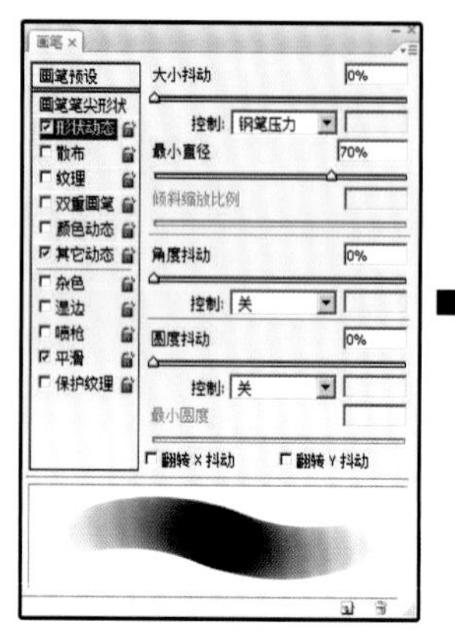

图4-106

图4-107 把白色设为前景色，画笔调节如下，画出雾气

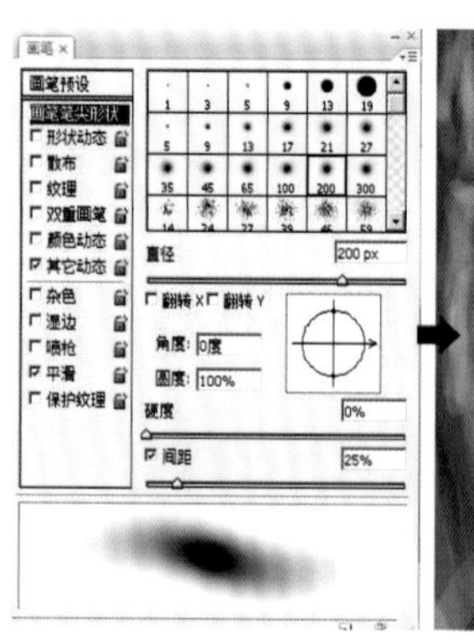

图4-108

图4-109

（三） 继续刻画

由于经受风吹雨打，山石呈现出丰富的细碎肌理。当然我们不可能一笔一笔慢慢刻画这些细碎的明暗效果，因此，我们先后把 （R226、G191、B182）和 （R46、G31、B29）设为前景色，画笔设置如下，使用随意的笔触画出看似杂乱的明暗线条，如图4-110。

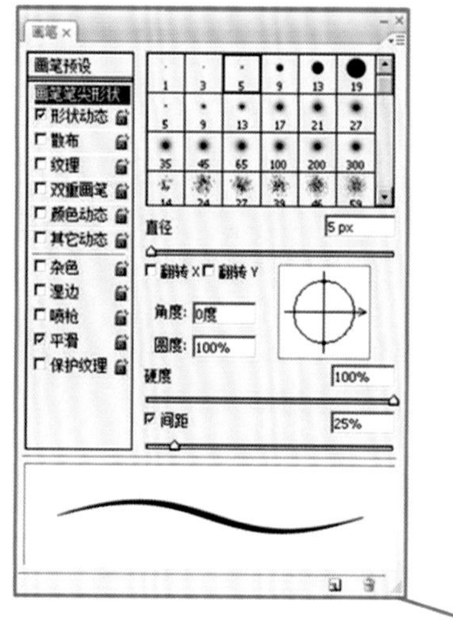

图4-110

使用“涂抹均匀有机理”或者“远山小机理”画笔，按住快捷键Alt吸取山石色彩，接着松开按键，恢复为画笔工具，为吸取范围画出笔触。这样便把杂乱的明暗线条转化为有粗糙肌理的明暗面，如图4−111。

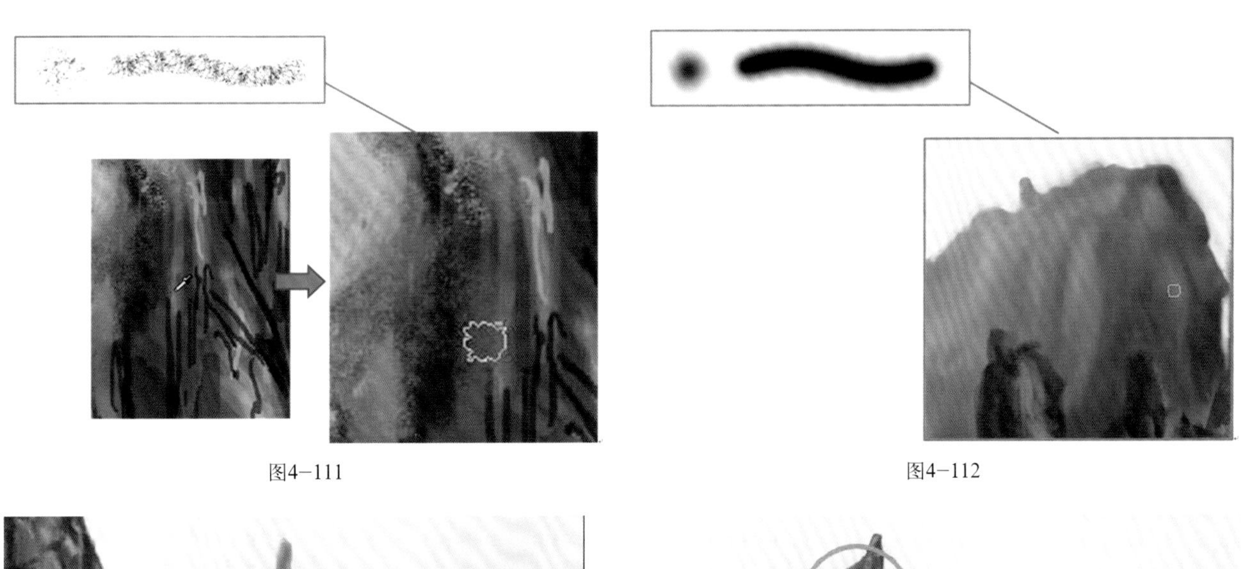

图4−111

图4−112

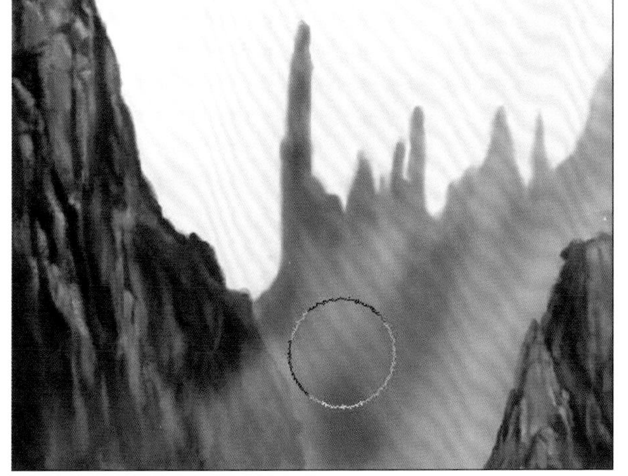

图4−113

图4−114

当然，远处的山体也需要有明暗刻画。但是由于在远处，形体模糊不清，因此只使用一个笔触模糊的画笔稍微加点明暗变化就可以了。使用同一个画笔，把浅蓝色 （R208、G221、B233）设为前景色，继续添加雾气。同时可以为天空画上轻微的明暗变化，如图4−112所示。

尽管山石丰富的明暗细节看似杂乱无章，但是我们需要归纳出细节集中的区域，如图4−113、4−114中圈出的范围。

最后的效果，如图4−115。

图4−115

（四）添加材质与细节，调整画面

1.调节整体色调

由于画面整体只有黄褐色，色彩不够丰富，因此需要进行加强色彩对比的调节。点击图层面板的“创建新的填充图层或调整图层”按钮 ，选择“曲线”，如图4-116。

面板出现后进行如下调节。注意，由于画面整体是黄褐色，因此需要进入黄褐色的补色——蓝色通道的面板中进行调节，如图4-117。

以下是调节前后的画面效果对比，如图4-118。

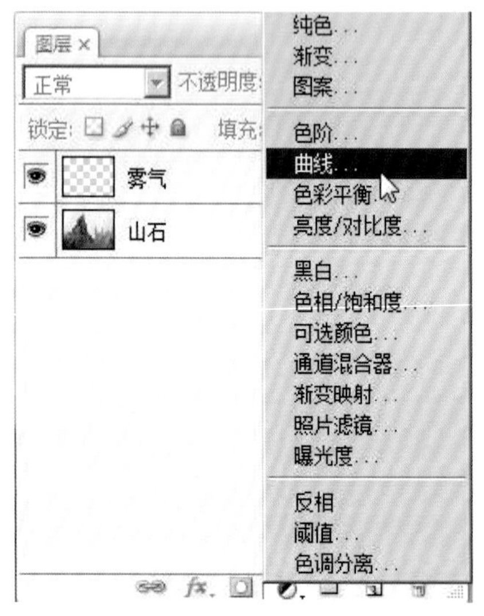

图4-116

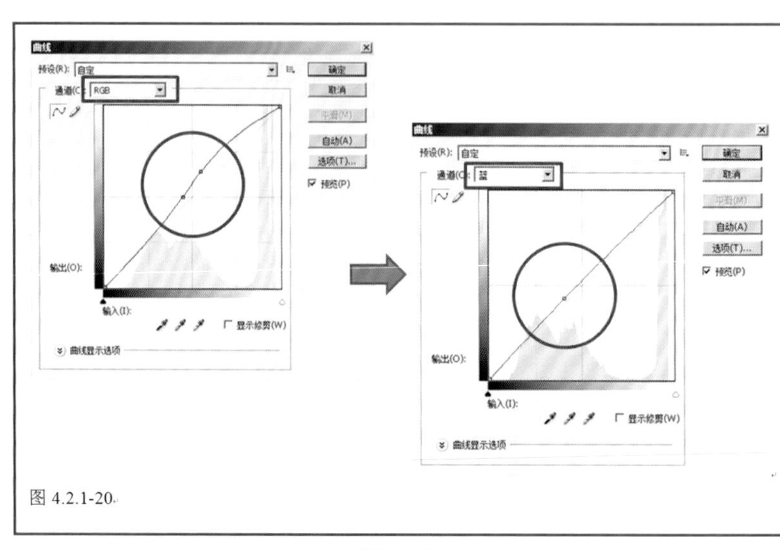

图4-117

图4-118

2.贴材质

从搜集的素材图片中挑选出山石肌理明显的图片，放到合适位置，降低不透明度，图层叠加方式为“柔光”，如图4-119。使用笔触模糊的橡皮擦工具擦除多余部分，如图4-120。

当然，可以视具体情况，再使用一张素材图片，用叠加图片—放到合适位置—调节图层叠加方式—擦除多余部分的流程进行材质拼贴处理，如图4-121。

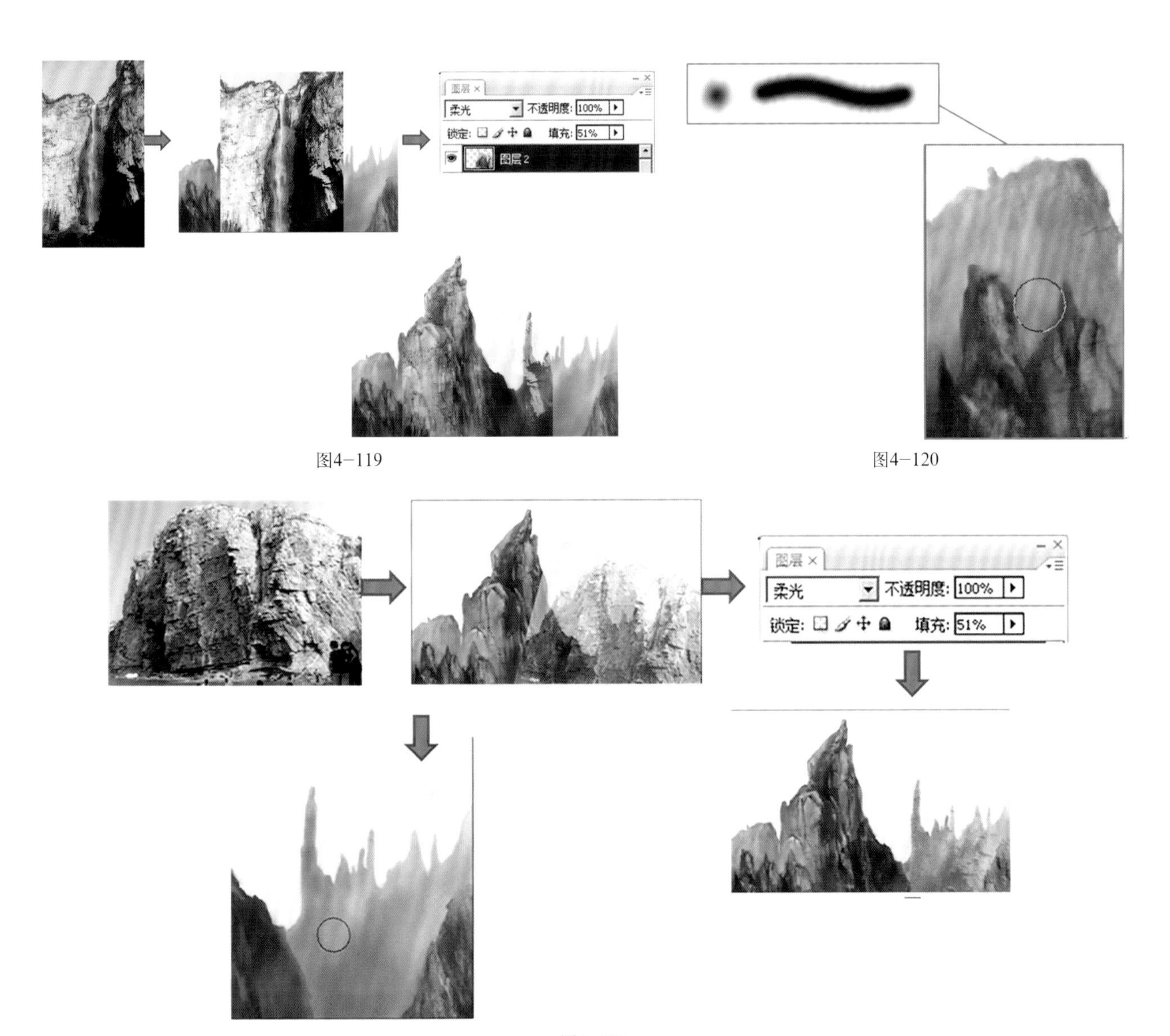

图4-119

图4-120

图4-121

3.添加植被

首先，为山体加上整体的植被。把 （R58、G77、B79）设为前景色，使用“植物画笔”，沿着山体顶面以及某些转折面，画上不规则的植被，如图4-122。

接着使用“有形状树叶画笔”，给山体增加轮廓稍微清晰的小松树，如图4-123。

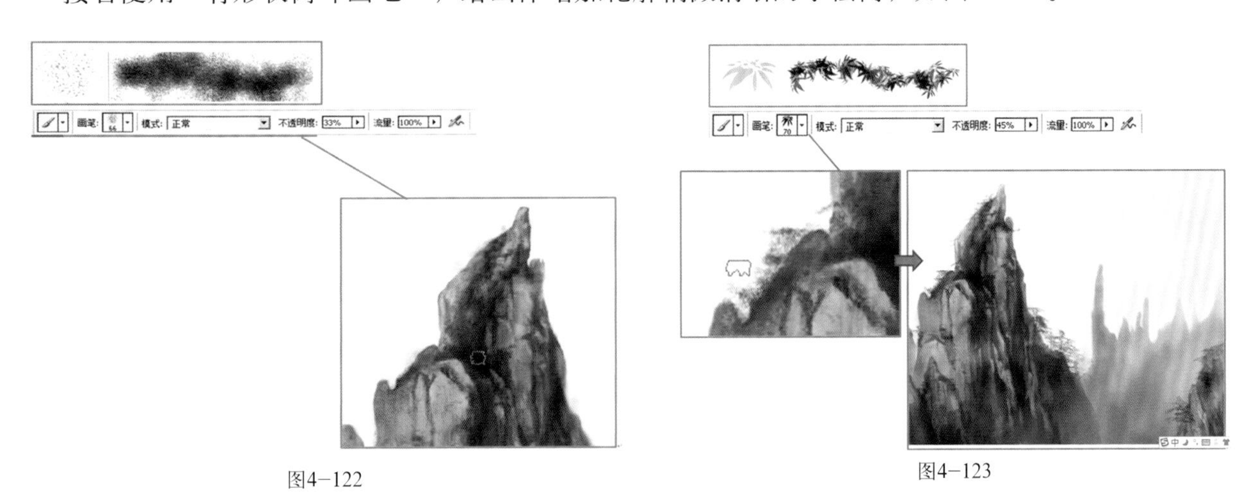

图4-122

图4-123

4.山体轮廓处理

山体的轮廓要有虚实变化才显得真实。按快捷键Alt吸取天空色彩，接着松开按键，恢复为画笔工具，使用模糊画笔，对部分轮廓轻轻扫上淡淡的颜色，使轮廓与背景融合，如图4−124。

完成后的山石效果，如图4−125。

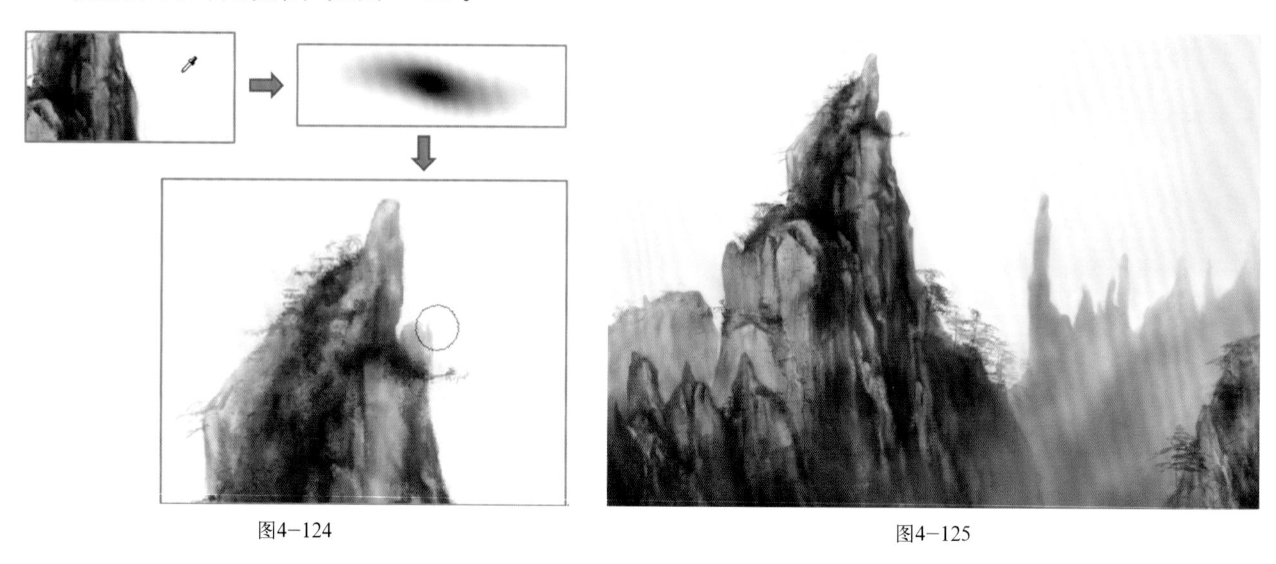

图4−124　　图4−125

三、总结

在CG作品中，山石的画法大同小异。但是随着画面氛围与内容的传达变化，山体的形状、组合方式、色彩等都存在着不同的变化。

把握这些变化就能传达出非常逼真和贴切的写实感，仔细欣赏分析图4−126会得到不同的收获。

图4−126

第三节 材质在大型作品中的运用

图4-127

图4-128

在上图4-127和4-128的实例里，我们看到了人物背部的机械部分有着复杂的花纹表现，这种金光闪闪的质感并不是我们一笔一笔画上去的，而是在CG插画里所使用的一种通用型的技能，被称为“材质添加”。

如果不会使用“材质添加”，你的作品很难接近或达到手绘的复杂效果。

图示4－129是我存储在电脑上的材质库。红色的图画即是我平时所收集的材质。这是我在一次展览上拍摄到的油画作品的局部。所以很多关心素材来源的朋友要注意了，材质的收集一定要在日常的生活中养成习惯，看到好看的图画和纹理要及时使用数码相机或者扫描仪保存下来。有句话叫“书到用时方恨少”，同样的，图到用时也方恨少。

接下来，我们就要开始底纹制作。首先，所有的底纹都必须加载在一个底色之上，而这个底色的制作是需要配合一些笔刷来完成的。这里我们使用了一种笔刷来绘制底色，这种笔刷本身绘制出来的感觉就是有质感的。

切记：贴材质的要领就是一定不要在光滑的底纹上直接贴，否则效果会显得很幼稚，如图4－130。

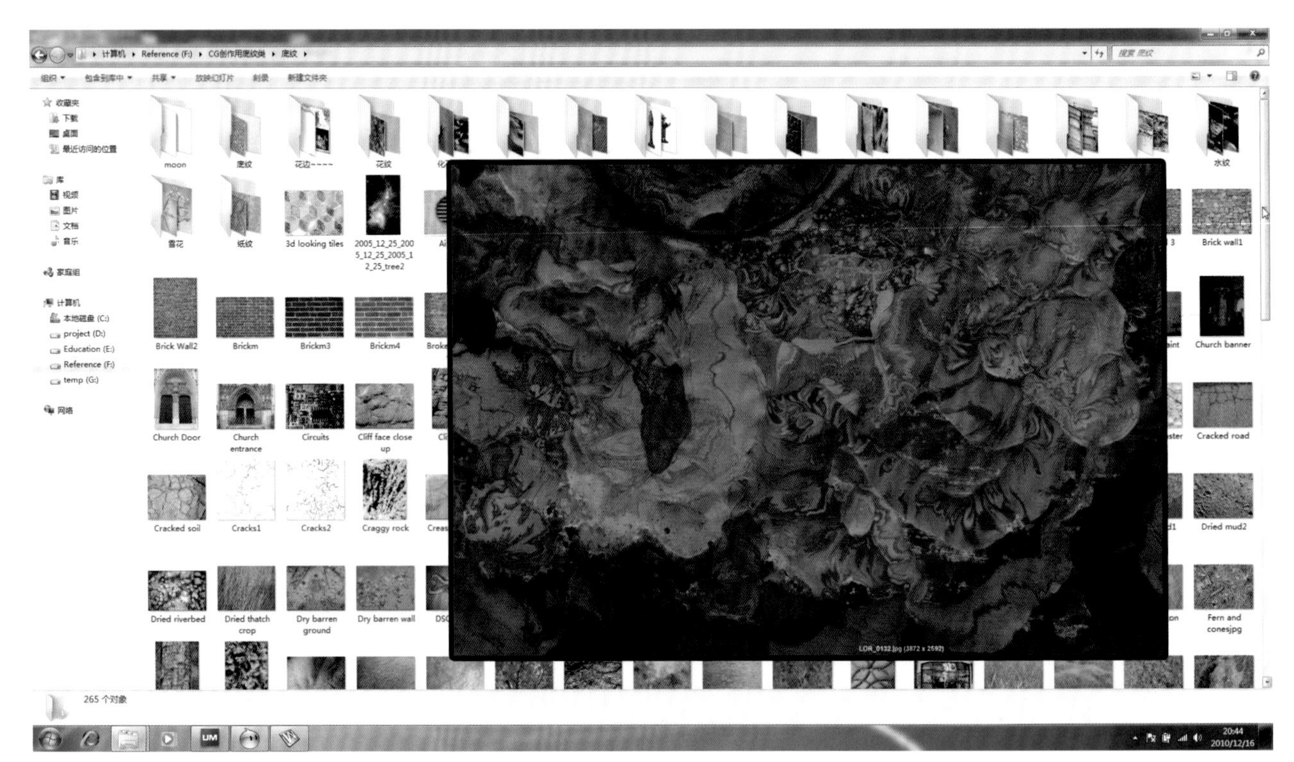

图4－129

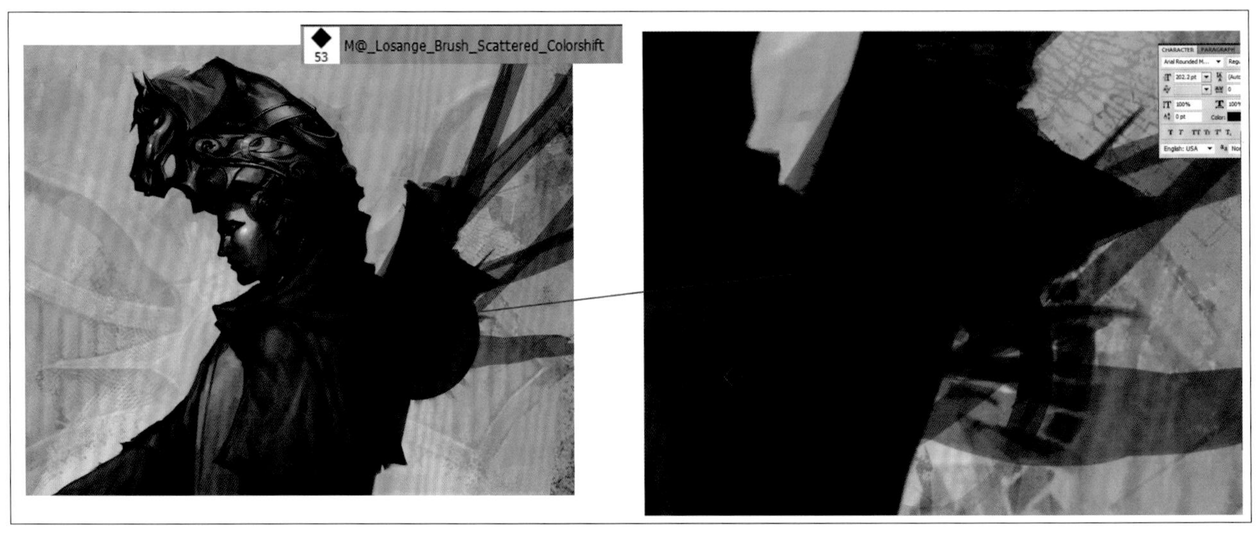

图4－130

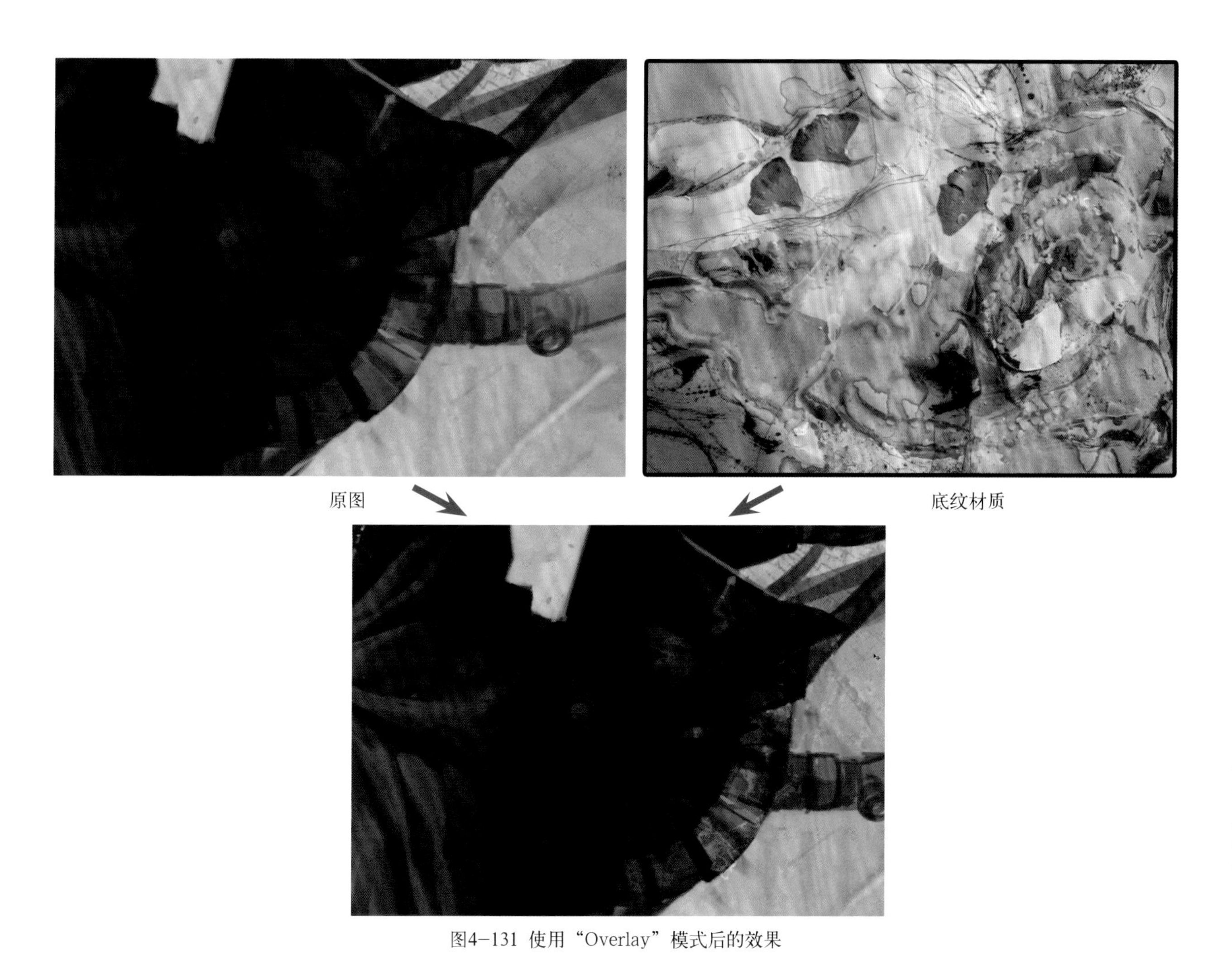

图4-131 使用“Overlay”模式后的效果

使用“Overlay”模式把材质叠加在底色上，会出现如图4-131所示的效果。然后把周围不要的部分给擦除掉。

前面做的是第一层的材质，但是材质要真正出效果需要我们贴两层。值得注意的是第二层材质在贴法甚至材质本身的图片属性上，都要与前一个不同。比如，前面的材质是一张漂亮的底纹，其中没有什么主体物，而第二次的材质，我们选择的就是一个在外形上和底色几乎一样的原型金属部件。然后我们使用“Color Dodge”图层叠合模式贴到底色上，就出现了令人兴奋的美丽效果，如图4-132所示。

图4-132 使用“Color Dodge”模式后的效果1

这是“Color Dodge”图层叠合模式的另外一个运用的实例。虽然我们使用相同的图层叠合模式，但是由于材质本身不同，获得的效果也是有着千差万别的，如图4−133。

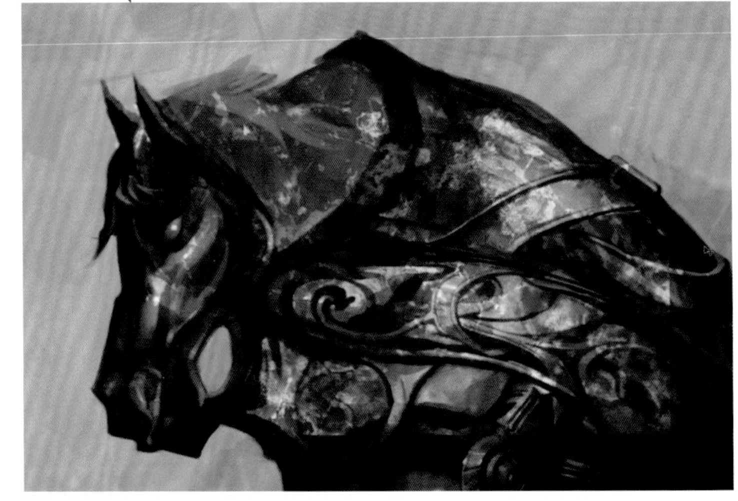

图4−133 使用“Color Dodge”模式后的效果2

最后，我们来看看墙壁的裂痕是如何制作上去的。

选用“大裂痕”或者“小裂痕”笔在画面的边缘或者是一些不妨碍画面的地方绘制出基本的裂痕的形态。这种笔非常方便，随便一画，就能得到仿真度很高的裂痕，如图4−134。

图4−134

最后，使用“贤者刮刀”在部分的裂痕上用手指涂抹去刮两下。这样产生出一种虚实相交的画面效果，就好比音乐的强弱节奏一样，这种处理就能产生很高的真实感，如图4-135。

当然，除了前面的用法外，我们对于材质还可以采用直接贴图的方式。如图4-136所示的盾牌上的花纹的制作。

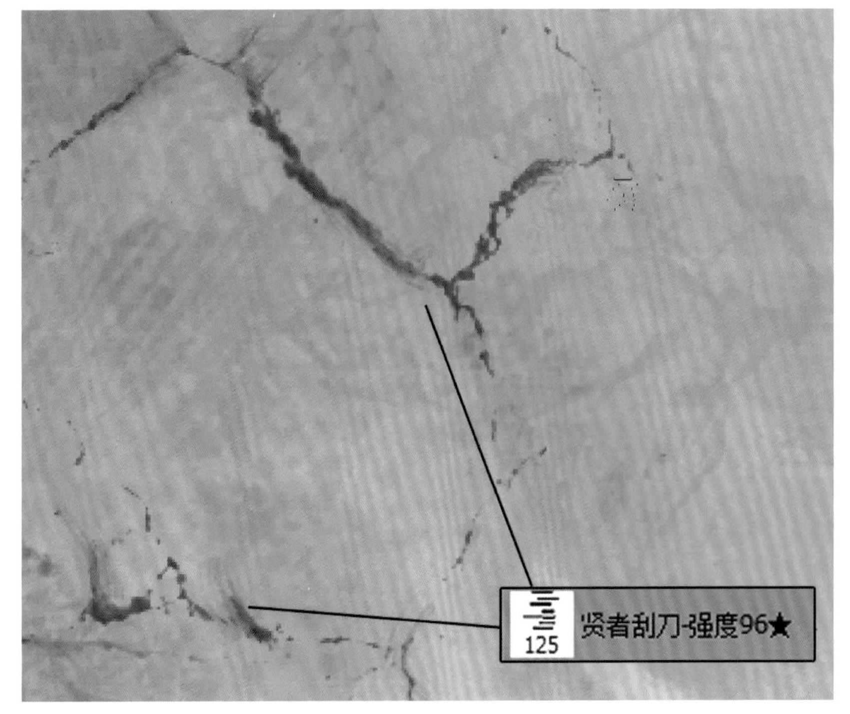

图4-135

图4-136

第四节 完整游戏人物设计细节标准流程

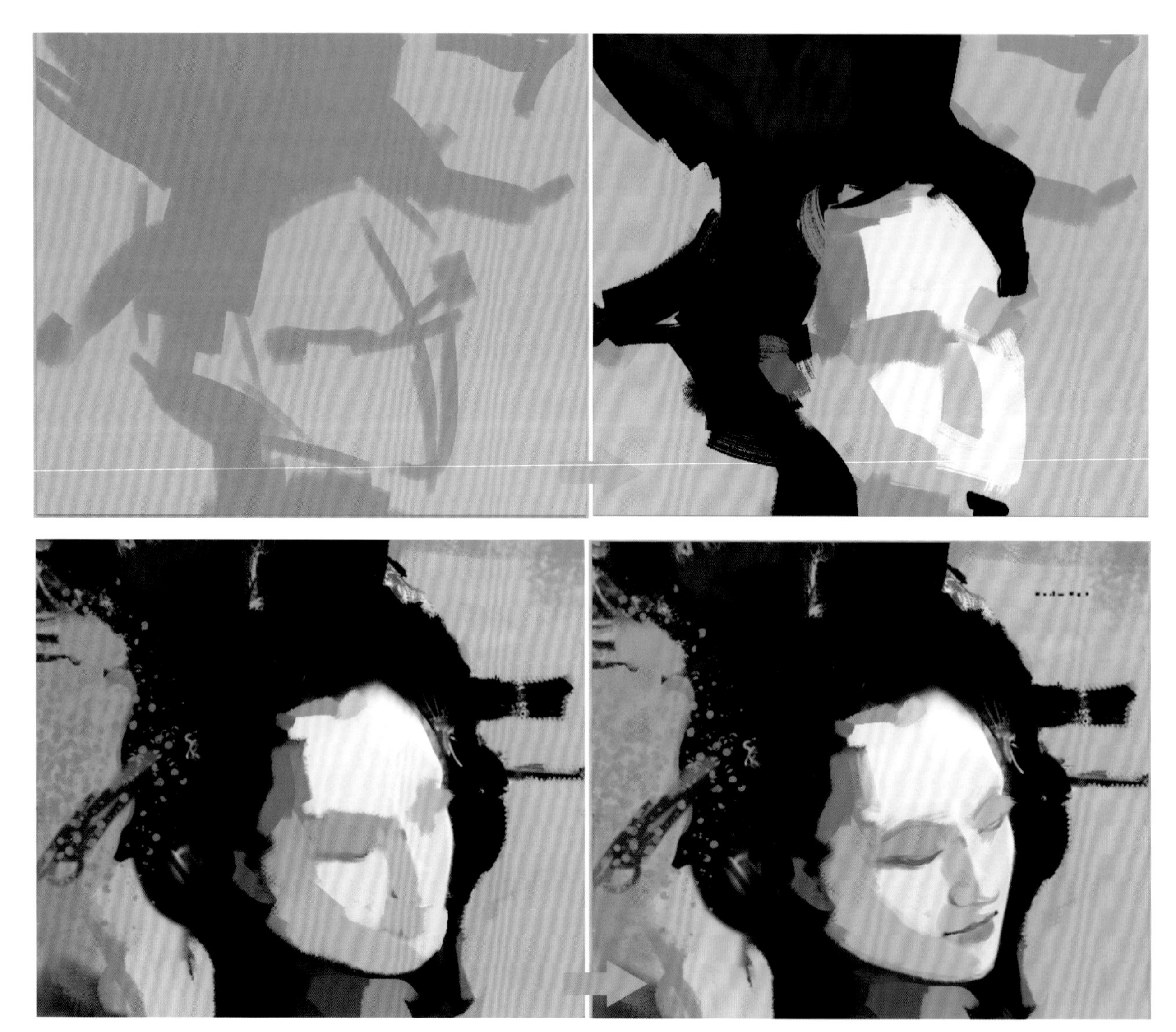

图4－137

打开Photoshop,这里我们使用CS5的版本。因为intuos4手写板的2048级别压感只能在Photoshop CS4以上版本里被识别。一切都是基于这一概念，所以我们可以从头部开始。如你所见，我把它画在一个彩色的背景上，这可以很轻易地确定色彩基调。记住，没有不好的单个颜色，但总是有不合理的颜色搭配。给图片添加两个图层，一个画人物，另一个画背景。使用大笔刷描绘，简化脸，逐步改变尺寸大小，由面过渡到线，使面部特征变得清晰，如图4－137。

图4－138是为角色“化妆”。女孩化妆的步骤是：1.眉弓；2.口红；3.腮红；4.眼影。

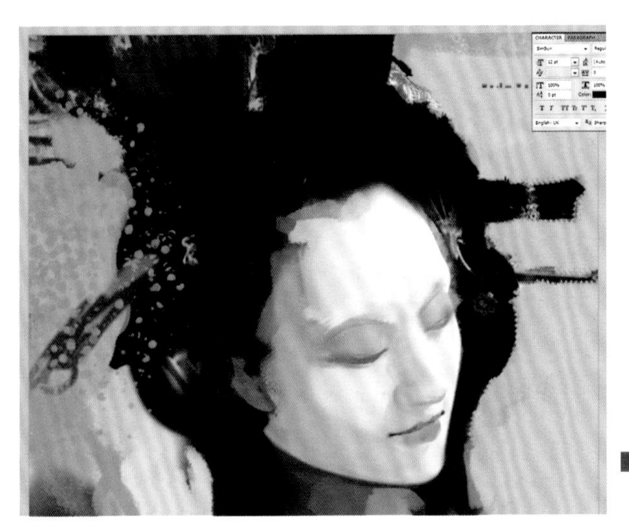

图4-138

图4-139

如果你把四个元素同时表现在脸上，脸会变得很漂亮。

高光不仅可以出现在每一个观察对象上，也可以出现在一些黑暗的区域和阴影线上。这可以使画面有一个强烈的透明感，如图4-139。

现实的细节会超出一个画家的想象力，所以你需要一个模特来帮助你完成细节，特别是人体的细节。

图4-140

摆姿势之前，你应该给模特看一些概念性的图片，引导她的感觉，把你想要的表达给她。只有专业的演员会在很短的时间内领会你的意图，任何业余的模特都需要一些时间。在这里，我使用一个龙玩具作为感觉的引导，如图4-140。

直接粘贴图片的手，不要浪费时间自己去画，因为对于大型的作品将会有大量的工作等着我们。CG的唯一目的是“使画面更加美丽”而不是“炫耀你的能力”。

使用毛刷“Rough Dry Brush”(粗糙干画笔)进行绘制，因为这个笔刷能表现丰富的质感。

当你绘制颜色背景时，不要使用单一的颜色，你可以尝试很多统一色调下的不同颜色。这可以使背景具有丰富的变化，如图4-141。

图4-141

图4-142

衣服的褶皱，我们适当绘制一些强调光线的影响变化的颜色，体现立体的感觉。

我们用黄色来表达影子,因为背景也是黄色的，这可以使色调统一起来，如图4−142。

现在我们可以扩大在这个阶段的画面组成。我们也用一些图片来组装服装。如果你遇到一些难以结合的部分,用刷子涂抹一下就不容易看出来了，如图4−143。

为背景增加纹理，我们必须遵守3个规则：

其一，你需要一个背景颜色，在这里我们用的是橙色。

其二，尝试了很多不同的纹理画笔让整个画面像一团乱，这里使用的互补色是绿色。

其三，“手指涂抹”在Photoshop中是一个非常强大的功能，涂抹画面产生混乱模糊的感觉，但不是全部都涂抹，如图4−144。

有两个典型的纹理笔刷常用于处理背景，“Dry Brush−1”和“Natural textured brush−1”，如图4−145。

所以,我们把整个背景设计得充满了纹理的感觉。接下来我们将添加莲花、主要人物和其他事物，如图4−146。

这张照片显示了创作的整个过程。在我们学习如何描述细节之前，我们必须知道整个作品的创作逻辑以及每一步的目的。绘画的元素要保持彼此的平衡，不要专注于局部的刻画。

最后,我改变服装为蓝色,这是一个好主意,这使得角色更加引人注目，在背景上更加突出，如图4−147。

图4−143

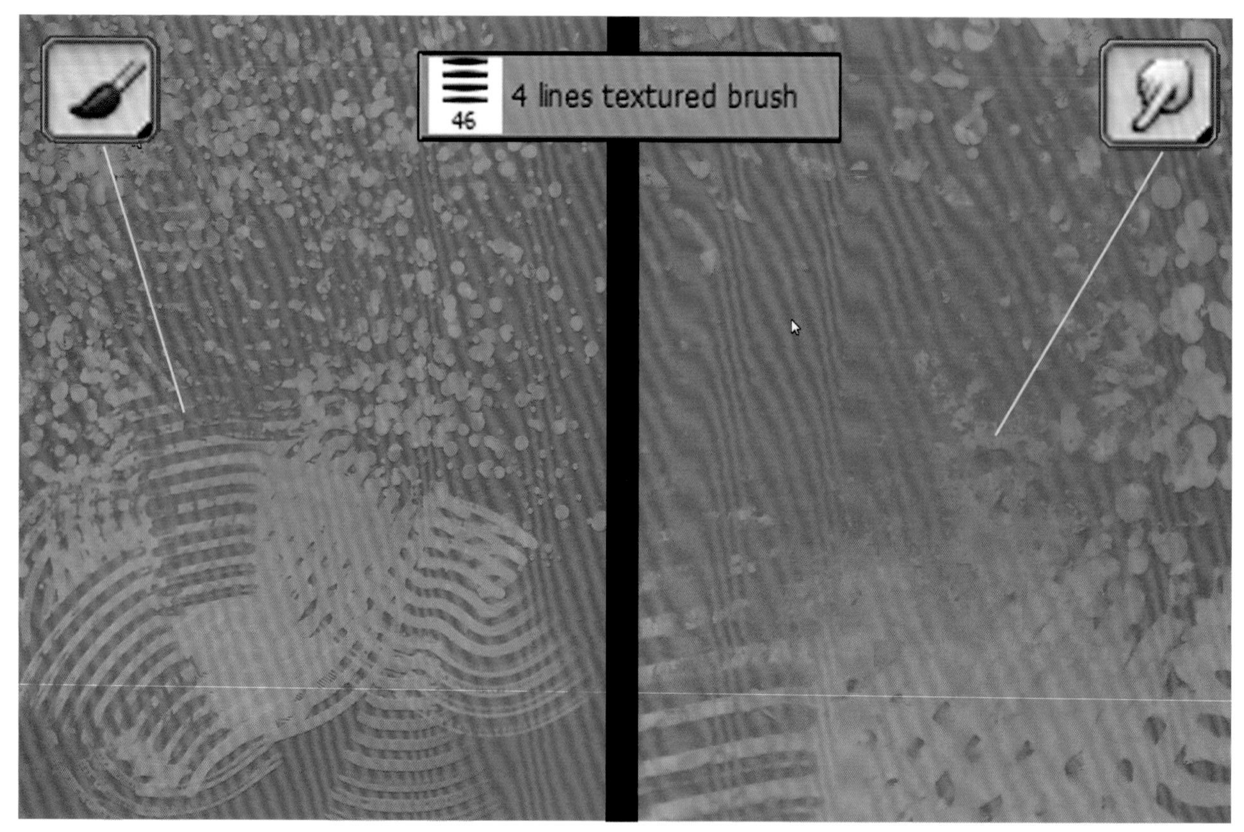
46
4 lines textured brush

图4-144

58
Dry brush - 1
100
Natural textured brush - 1

图4-145

图4−146

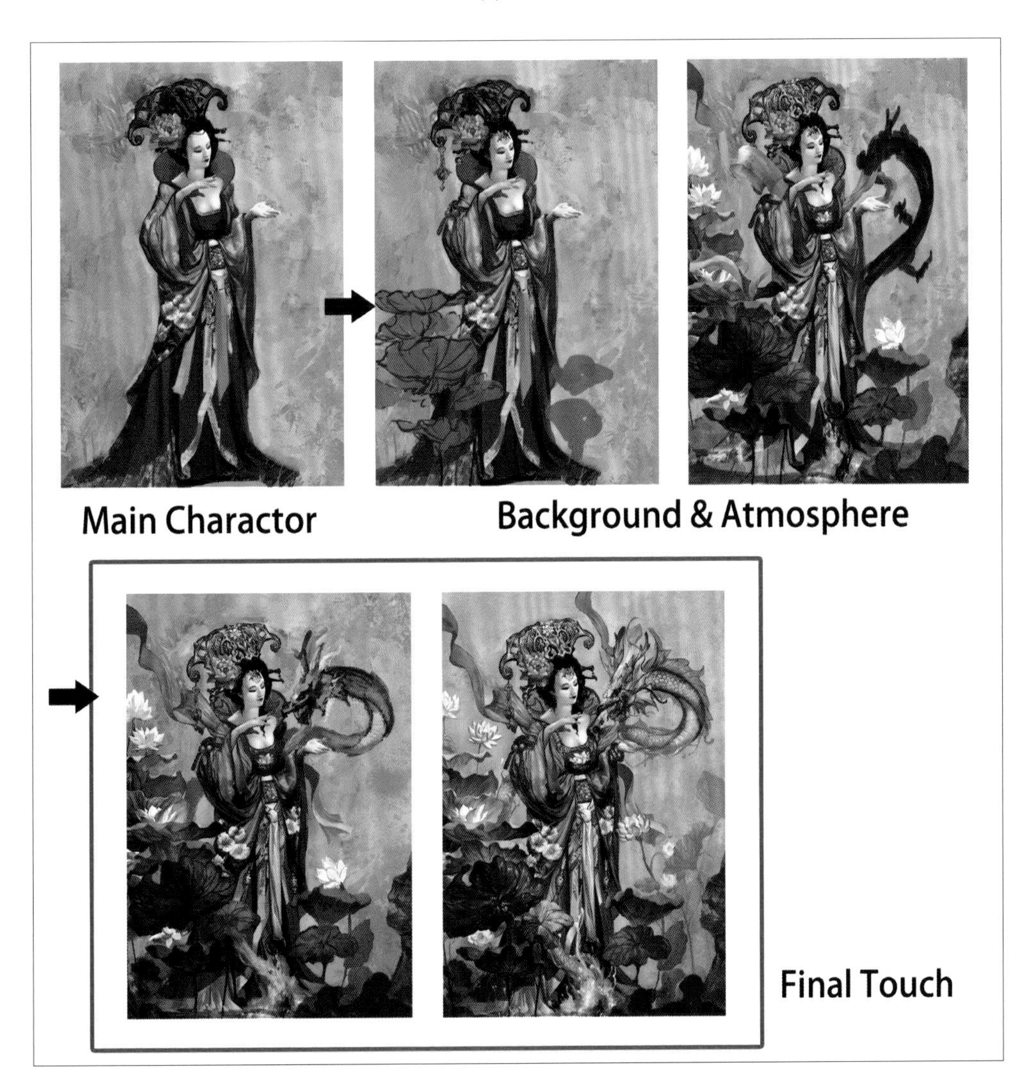

图4−147

描绘龙和水不是件容易的事情。首先，你需要把一些水的图片贴到画面的适当位置然后调整这些图片的颜色，直到你觉得达到最佳效果。其次，你需要使用模糊工具，使图片与画面达到很好的融合效果，如图4-148。

图4-148

喷溅效果我们采用了笔刷“Rock/Mud-4”，如图4-149。

第三步是把一些特定的地方用喷雾的感觉表现出来，每个水珠都有一个高光，都有色调变化，都有互补的颜色。有时感觉它们就像一些生物，给读者一个想象空间，如图4-150。

我们可以总结画细节的三个要点：

其一，颜色变化要丰富,但在背景的部位要尽量模糊。

其二，给每个颜色一个特定的区域或形状。

其三，给画面中每一个部分穿上不同的边缘线，没有线条就没有细节。

你能从画面上的球体中理解这三个要点是如何表现的吗，如图4-151。

在Photoshop里使用原始笔刷(硬边压力不透明)描述龙头的每一个细节。尝试使用最简单的笔刷，靠丰富的用笔来表现。

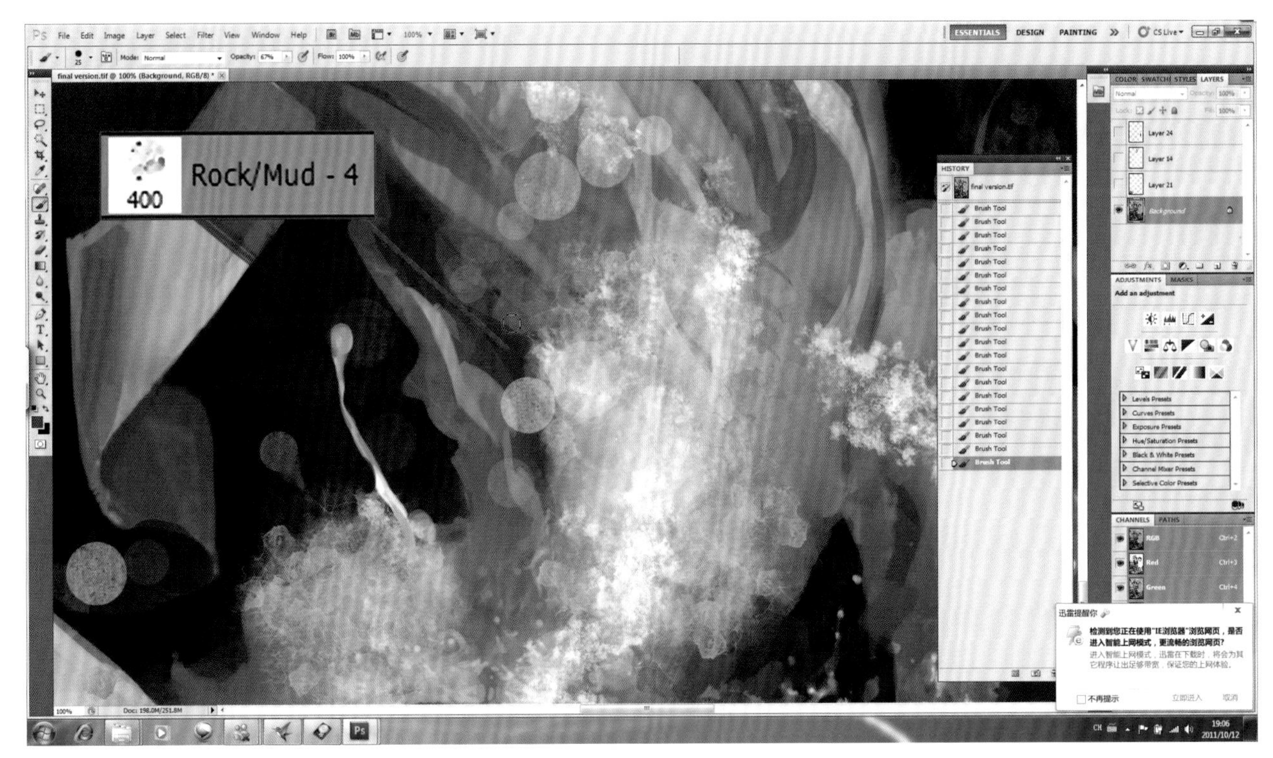

图4—149

图4—150

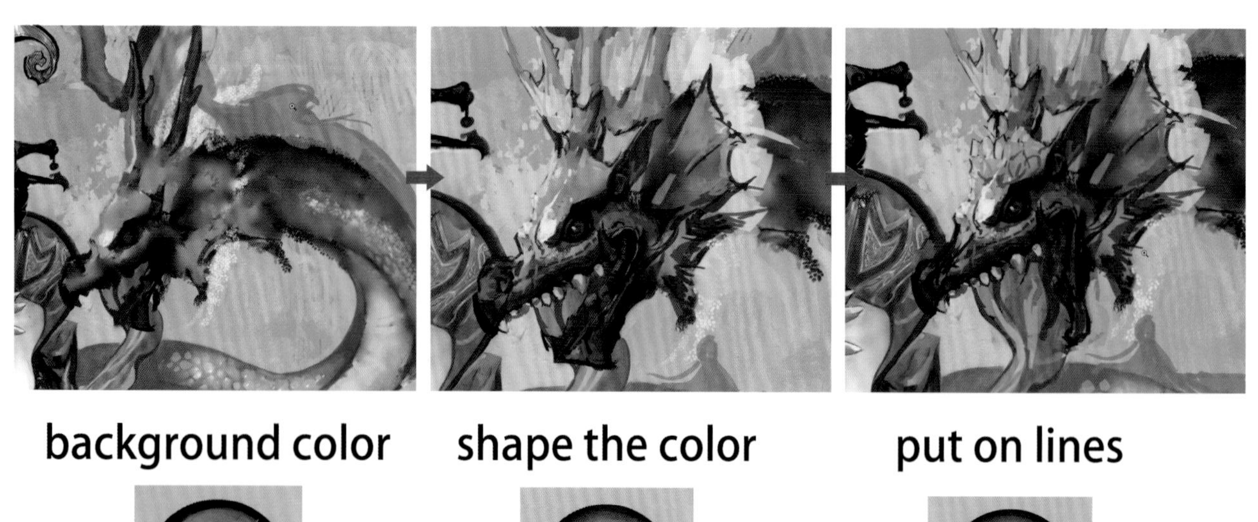

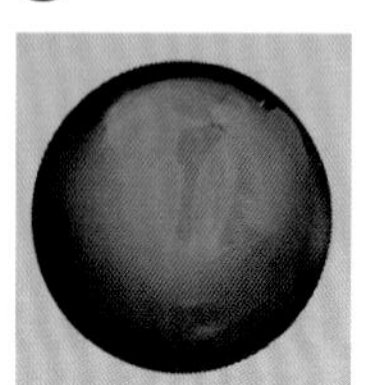  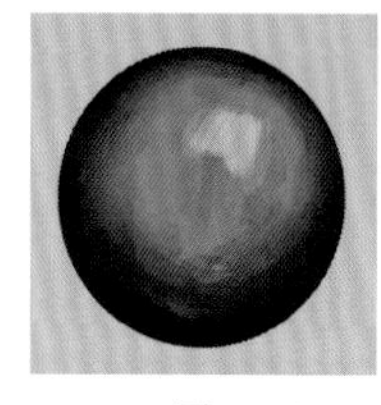  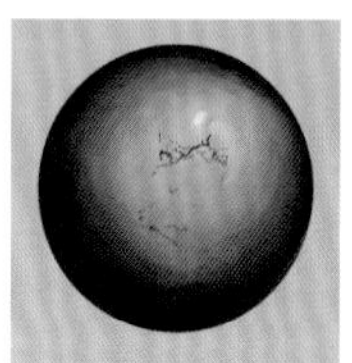

图4-151

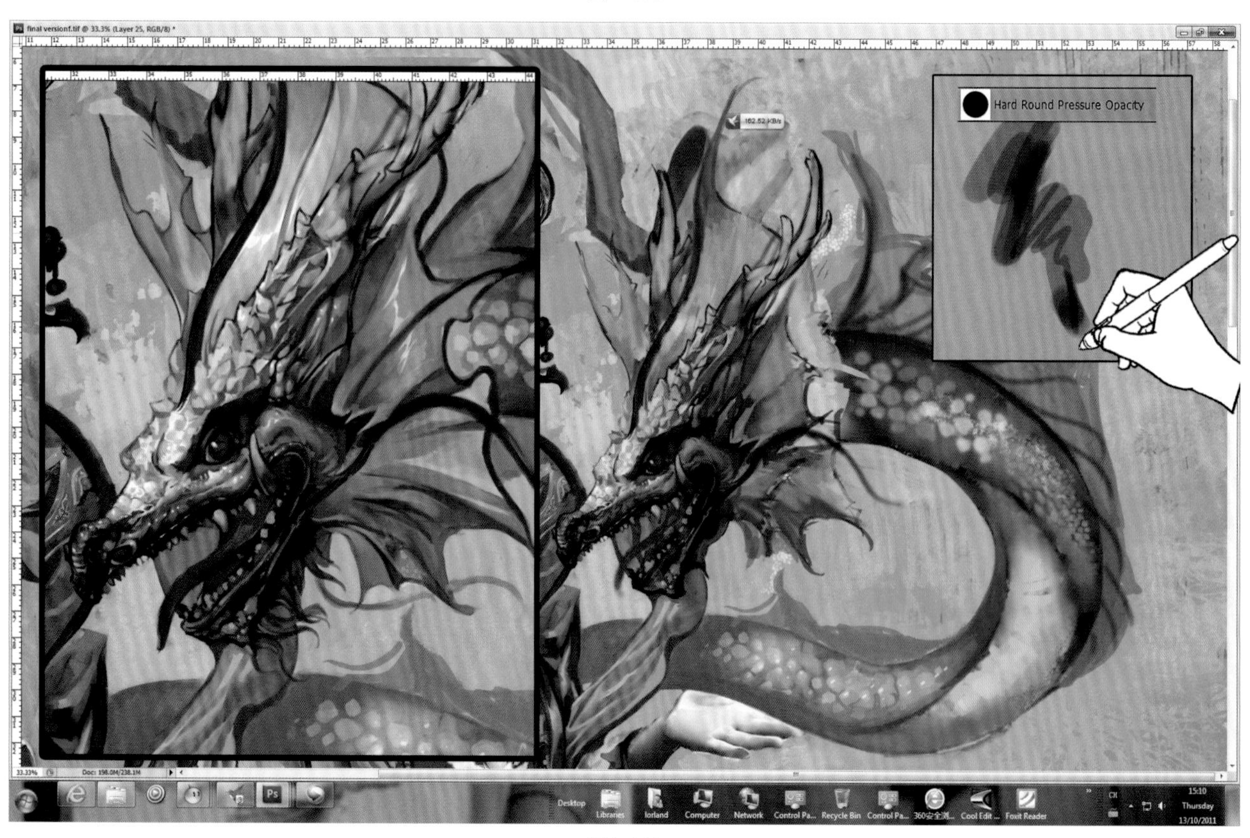

图4-152

值得注意的是，在鼻孔深处，在嘴和眼睛的角落里，我们应该使用非常纯色，这可以使画面看起来丰富而透明，如图4-152。

另外一个强化细节的办法是：强烈的对比。绘画不同于照片的最大之处在于照片采用的是真实的光源，对比并不像绘画一样强烈。绘画则来自你的愿望，它需要的是艺术夸张，色彩饱和，饱和部分光线变化更轻。

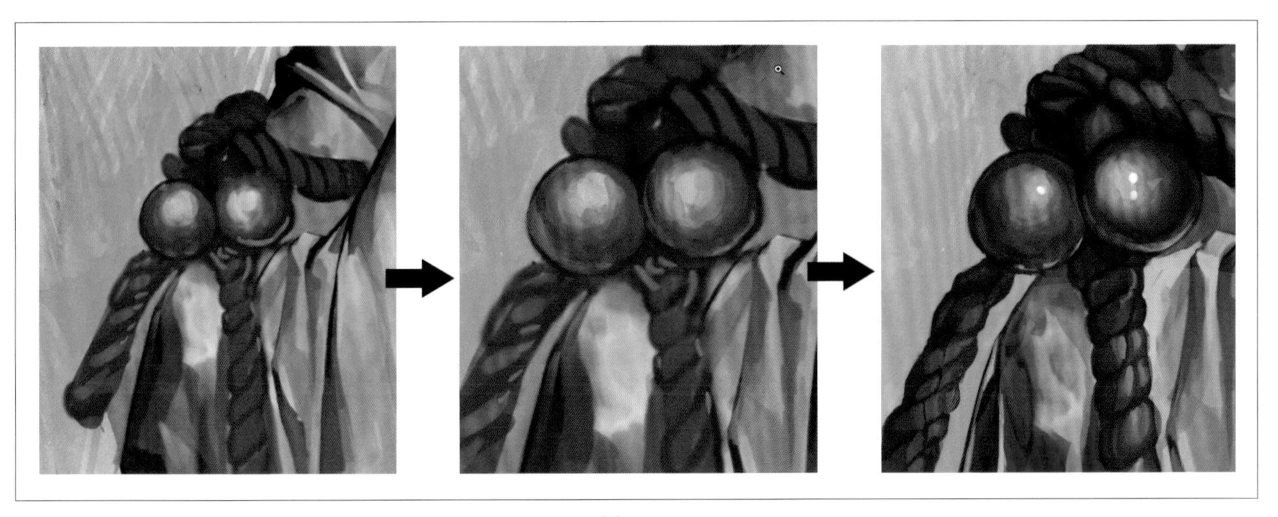

图4-153

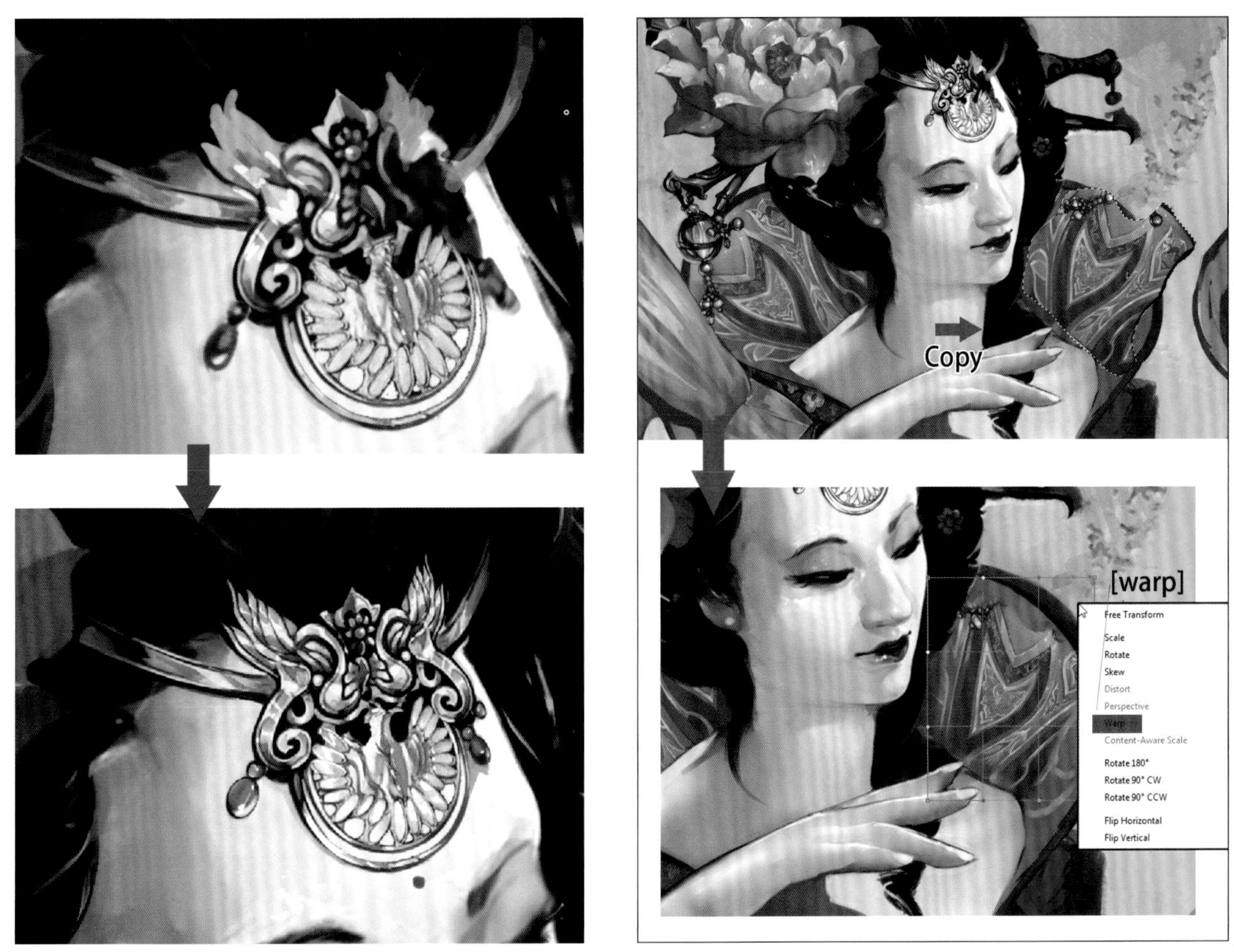

图4-154　　图4-155

所以，当我们赋予对象线条，并给它一个特定的形状，纯黑颜色、阴影或反射部分都要采用有变化的色彩来描绘，如图4-153、图4-154。

当你遇到一些零件小琐碎的东西需要重复时，不要去画，拷贝和粘贴即可，尤其是对非常复杂的部分。

如果遇到透视有点不对，可以使用“CTRL+T”调整形状，这是一个非常容易掌握和使用方便的工具，如图4－155和图4－156。

如果你使用一些花纹来加快你作画的速度，别忘了使花纹适应服装的褶皱。你可以使用不同的图层叠合模式，如“Multiply”“Overlay”“Softlight”等。

最后，你还需要将每一部分你贴的花纹画一遍。我这里用的笔刷是“Good brush－2”。你完全可以在你的画的每一步骤都使用照片，但不要使你的作品看起来像一张照片，如图4－157。

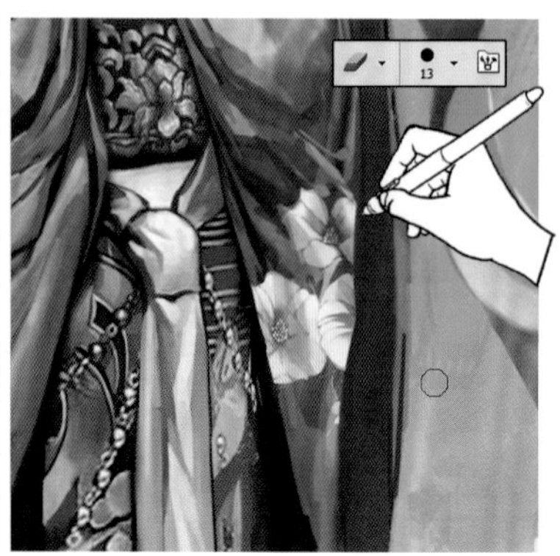

图4－156

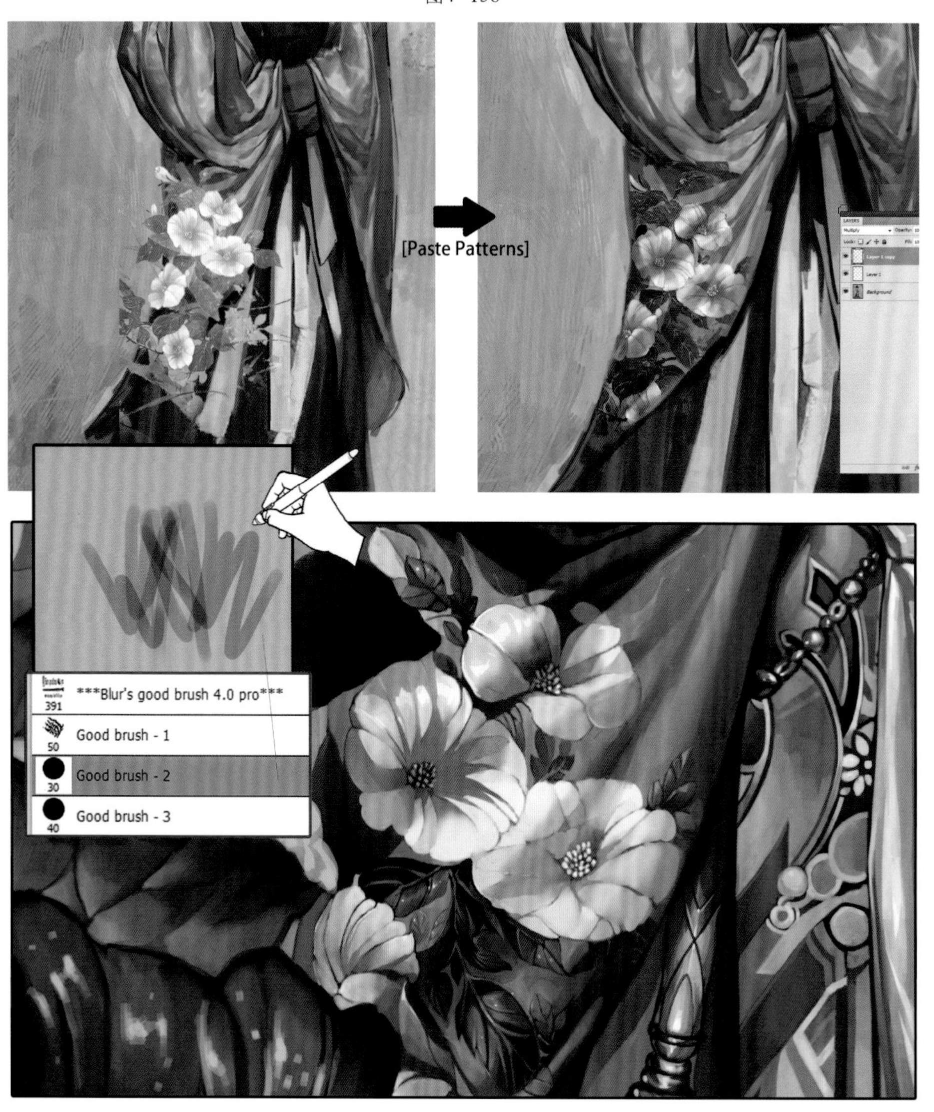

图4－157

图4-158

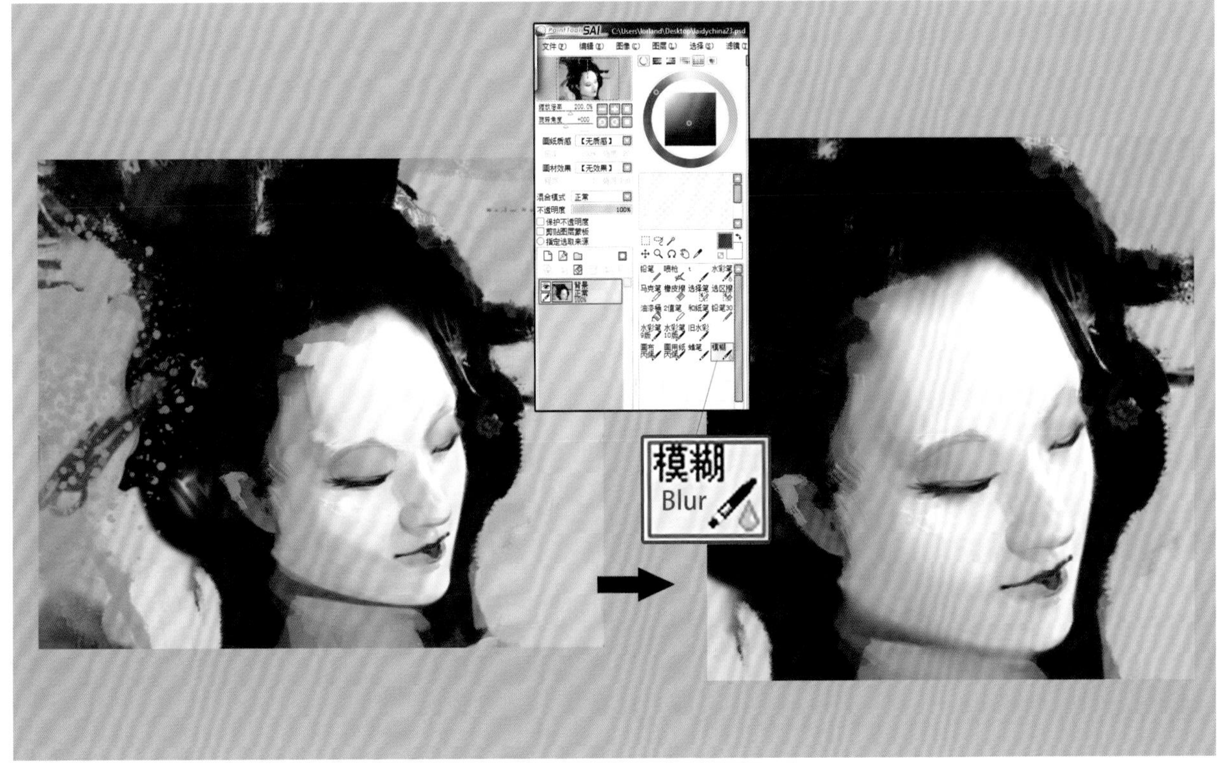

图4-159

Paint Tool Sai是高质量和轻量级的绘画软件，我们用这个软件来模糊一些笔触。Sai的模糊刷真的很神奇，光滑的皮肤及一些特色的服装和精致的珠宝都可以由它轻易完成。模糊笔刷面板，如图4-158、图4-159。

Photoshop 快捷键：

CTRL+L（PC），控制灰度。

CTRL+M（PC），控制画面的亮度和对比度。

CTRL+SHIFT+ALT+V(PC)，把图片贴到指定的区域内（In photoshop CS5）。

在手写板上预设快捷键可以最大限度地提高工作效率，如图4–160。

Brush tips：

要使用photoshop绘制出生动的画面，就必须要懂得使用一些非photoshop自带的笔刷，也就是我们常说的画家们自己定义的笔刷。当然，这些生动的笔刷在网络上都可以下载得到，一般下载下来的文件后缀为“rar”，这里我们所使用到的第三方笔刷是杨雪果老师开发的“Blur's Good Brush 6.0 Pro”，以其作为我们讲解的范本。安装，将“Blur' s good brush 6.0 pro.rar”文件拷贝到Adobe\Adobe Photoshop CS 3以上版本的预置画笔文件夹。重启Photoshop，在笔刷设置面板载入笔刷，并显示为大列表“Large List”方式。

在本书配的光盘里，我们还放有别的一些画家所开发的第三方共享笔刷，如图4–161。

涂抹笔“Smear brush”能够使得你的画面看上去像油画。可以试着按照图示的方式去尝试一下，如图4–162。

当我们勾选Finger Painting 时会看到绘画效果产生了很大的不同，如图4–163。

本作品大部分采用笔刷“Oil Heavey Flow Dry Edges”完成，如图4–164。

使用“Square”笔刷描绘花纹能够制造出边缘感。

当然，根据殊途同归的原理我们也可以采用“Triangle”笔刷来达到这一点。

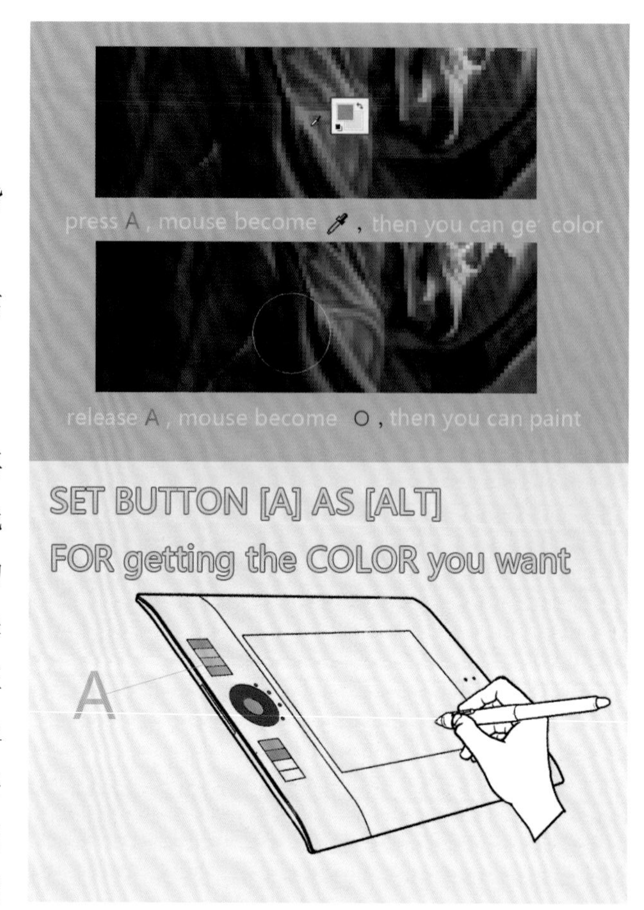

图4–160

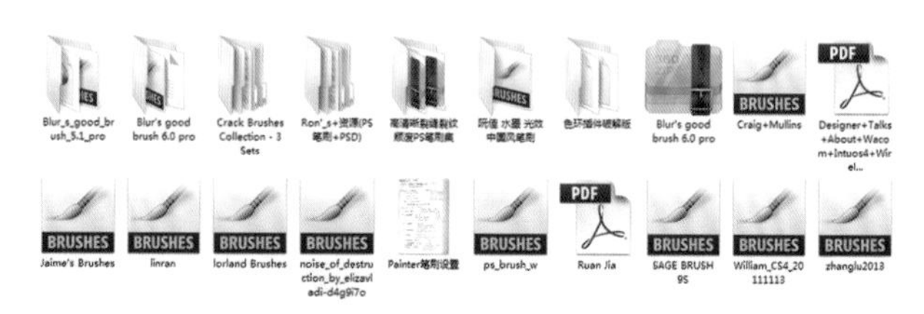

图4–161

图4–162

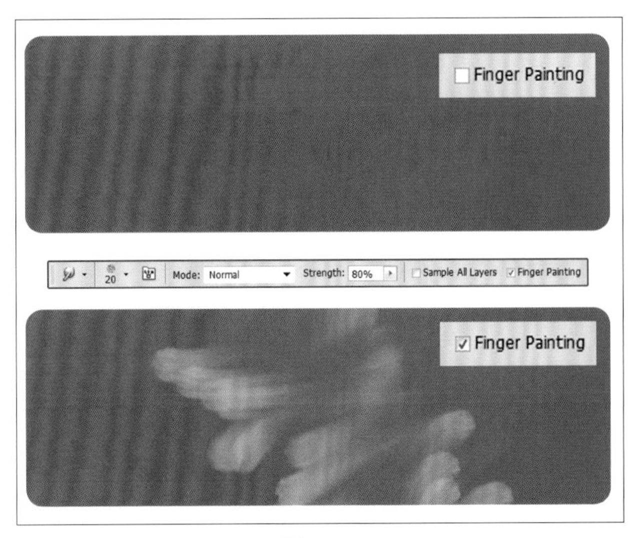

图4-163

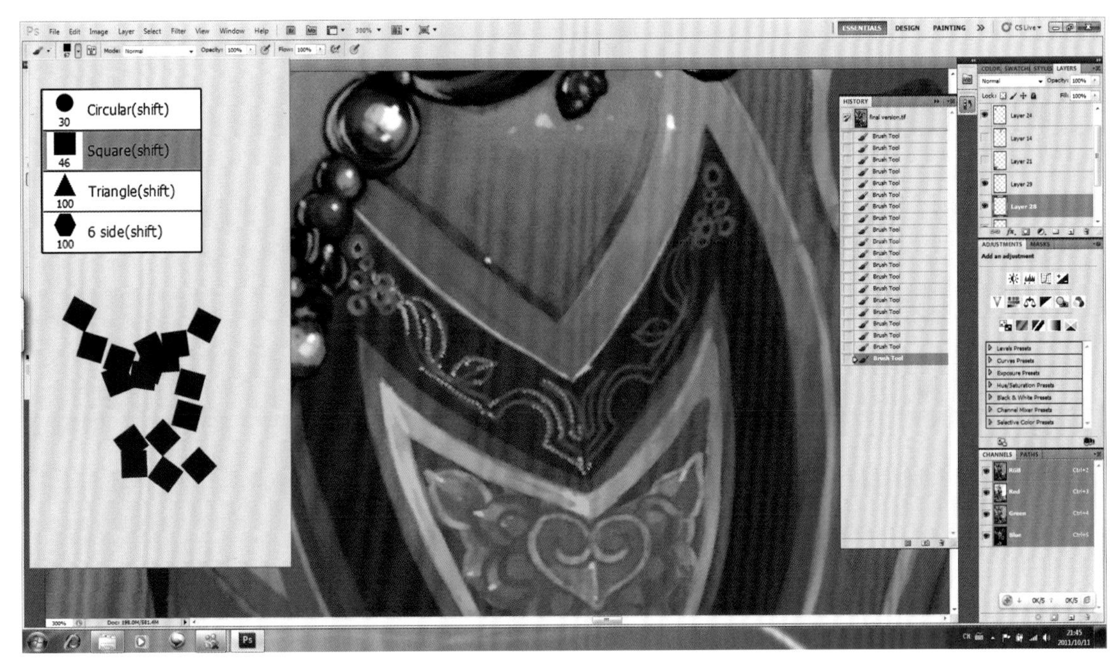

图4-164

思考与练习

1.根据第一节“人物设计标准流程”中所涉及的方法，绘制一张人物设计，按A4纸大小，精度为300dpi，同时注意设计流程中每个步骤的含义。

2.从基本的环境设计的要素——石头开始，到云，到树木，看你能否在不参考资料的情况下默画出来。同时做好这类学习资料的收集工作。（提示：可参考游戏《斗战神》中的相关原画设计）

3.绘制一张人物的半身像，要求使用到材质贴图，同时做好材质的整理工作。

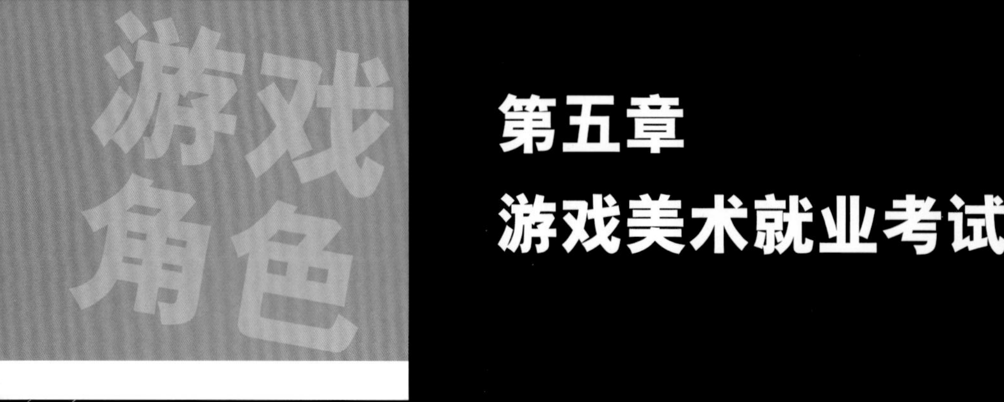

第五章 游戏美术就业考试

图5-1 陈惟工作室2004级学生煜的作品，作者于2008年考入腾讯公司。

无论你理想多么高远，你都需要一步一步走，先就业再择业的道理需要你放在心里。

本章为就业前的一个专业辅导，帮助你准备资料，制定计划，面对考试。

进入游戏公司都需要进行考试，但是如何考，考什么，许多的同学都不清楚。从2006年起，我亲手送了不下100人进入各种层次的游戏公司，对于游戏公司的人事规律、考试规律都了如指掌，本章就是系统地介绍游戏美术就业考试的方方面面。

只有日常的练习，没有应试的技巧，往往会与好的公司失之交臂。

图5-2

一般来讲，一个初学者选择游戏公司作为自己的第一份职业无非是从图示的四个心态出发。

你属于哪一类呢？如图5-2所示，认清心态对明确学习目标有着重要的作用。如果你是为了赚钱，那么你会需要在游戏公司里学习游戏制作的具体办法，这样便于自己创业，只有创业才能够真正赚到钱。如果你是喜欢游戏文化，那么你会长久地待在公司里，享受游戏设计的快乐，但是你不会追求更多的经济利益。

在此之前我们必须回答三个问题：

1.去游戏公司到底好不好呢？

2.我们为何要进游戏公司？

3.哪些人不适合进游戏公司？

有很多人习惯性地问这样的问题："去游戏公司到底好不好呢？"

理性认识的起码概念就是破除幼稚的"二元论"，非好即坏。

这是大部分同学都喜欢问的一个问题。可是，我们既可以看到有些人进了游戏公司如鱼得水，活得悠然自得；又可以看到有些人进了公司没干几年就被迫转行了。

这种差别来源于对游戏公司期待的不同，以及心态准备的不足。

游戏公司的美术工作并没有特别的"好"或者"不好"，关键是有的同学总是带着幻想去看待它，好坏的标准是个人臆造出来的，最终造成各种所谓的"不理想状态"。

大多数美术学习者总是习惯性地把进入游戏公司工作想得如此完美，以至于完全忽略了对它的理性认识。

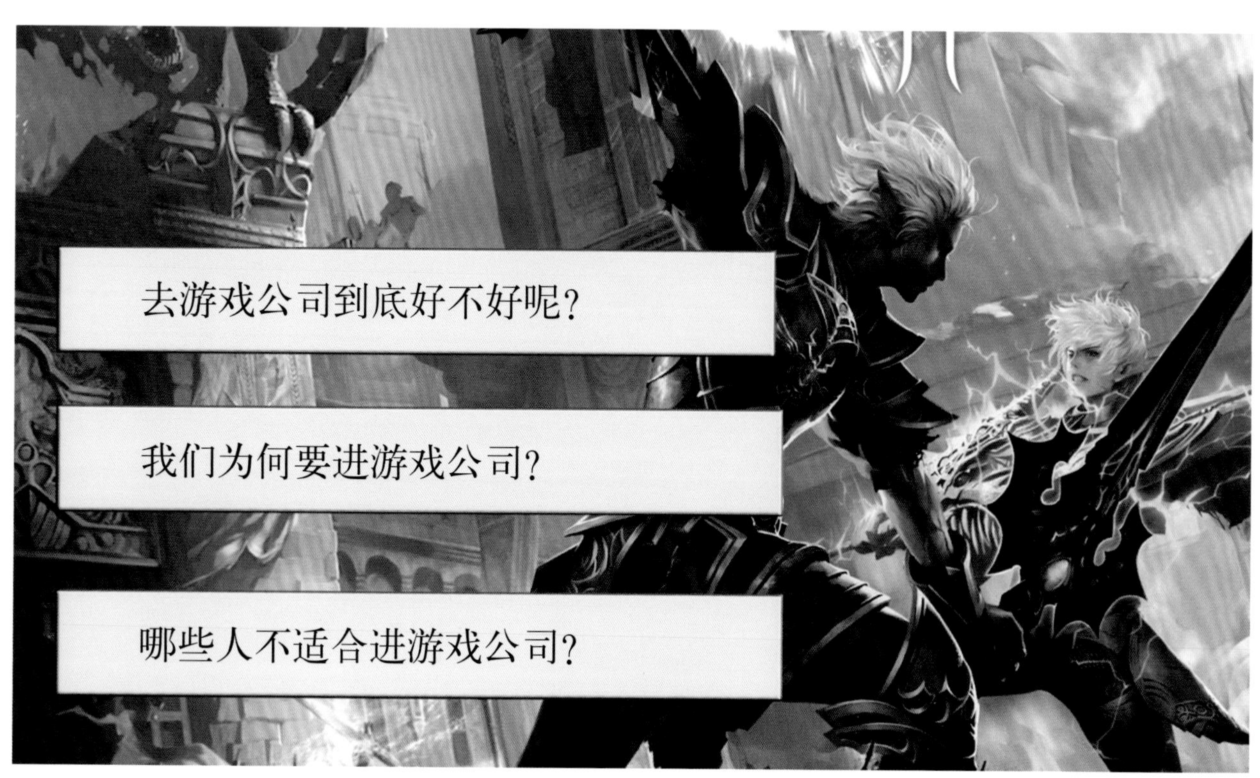

图5-3

图5-4

图5-5

我们为何要进入游戏公司

1.目前只有游戏公司能够满足一个画手的创作欲望与收入的平衡。

2.游戏公司是一切初学者步入美术行业的跳板。

3.游戏公司可以考验一个人的艺术潜力。

图5-6

随着社会的发展，中国的动漫行业发生了很大的变化。漫画公司基本绝迹，插画公司也受限于于儿童读物的市场。所以如果为了平衡一个人的艺术追求与经济需求，我们只能去游戏公司。

游戏设计不像别的动漫创作，它本身不涉及思想内容，不会触碰某些禁忌，人们对游戏的接受度越来越高，人们越来越多玩游戏，所以游戏业的发展前景可观。

另外从个人艺术发展的角度来讲，你的艺术能力是否经得起实践的考验，可以在游戏公司里得到验证。当你面对职业转型，面临经济诱惑的时候，是否能够坚持住最初的梦想，是每一个学生都必须思考的问题。

你到底适不适合进入游戏公司呢？参考图5-7所示的5种人群，你是否也有如上的问题呢？

哪些人不适合进游戏公司？

1.从来不打游戏的人

2.身体不好的人

3.性情孤僻，不会沟通的人。

4.桀骜不驯，没有团队精神的人。

5.太“艺术”的人。

图5-7

所以，这里涉及三个方面的内容，如图5−8。

1.怎么认识游戏公司？

2.怎么进入游戏公司？

3.在游戏公司里怎么发展？

图5−8

本章的内容如图5−9所示，右边的蓝色框内是每个部分的内容所针对的阐述对象。在学习的时候需要明确。

1.游戏美术应聘者自我职业定位的误区。→	就业应聘者
2.游戏公司的商业本质。→	公司
3.游戏公司考试的基本能力与素质分析。→	公司
4.考前集训如何安排。→	公司+就业应聘者
5.现场应试技巧。→	公司+就业应聘者

图5−9

其中需要说明的是，从上至下的条目在认识逻辑上是一环扣一环的。也就是说要具有随机应变的现场应试技巧，你首先得对自我的职业定位以及游戏公司的商业本质有着切实的体会。

一、游戏美术从业者的职业定位

游戏公司不是教育机构，游戏美工也不是什么艺术家。这是每一个进入游戏公司的人都需要明白的。

游戏公司的存在价值是为了赚钱。虽然他们也会为了提高员工的生产效率和生产质量搞点诸如培训一类的事务，但是游戏公司的存在目的绝对不是帮助你个人提高。

进入游戏公司是为了考验你的工作态度和能力，同时培养插画从业者的服务意识。所以，游戏美术不是插画领域内的最高层次，而是入门级的岗位。所以才可能通过培训让人进入游戏公司，而从来没有插画的其他领域能够通过培训实现输血的。

一、游戏美术应聘者自我职业定位的误区

1.把游戏美术工作者当作自由艺术家。

2.把游戏美术当作插画领域内最高的层次。

3.把绘画技术当作在游戏领域内成长的唯一要素。

4.以为做人物设计才是王道。

图5−10

在游戏美术领域内，绘画技术也仅仅是个人成长的一个必要因素，而非唯一要素。

最后一项是“以为做人体设计才是王道”。这也是一个常见的误区。人物设计不过是游戏美术众多分工中的一种，并没有重要与不重要的区别。只不过游戏人物设计的产品更容易被人看到，所以造成了这样的假象，如图5-10。

二、游戏公司的商业本质

明晰游戏公司的商业本质是进入游戏公司的前提，如图5-11。这点我在前面就已经做出了讲解，这里列举了游戏公司的两个“不是”，如图5-12和图5-13。

那么一个游戏美术人才会经历什么样的职业规划呢？图5-14里就详细地列举了三种不同的职业规划。

这里值得一提的是：SOHO是一种对个人综合能力要求很高的职业规划。当你决定要从事这一职业的时候，你需要经过长时间的锻炼，需要具备全面的能力。因为在公司工作的时候，很多和绘画技术无关，但是很重要的事务由公司的其他职能部门予以解决。现在，这些事务得全部

二、游戏公司的商业本质

图5-11

游戏公司不是教育机构

1.公司可以根据工作需要来培训你，但是没有提高你绘画能力的义务。

2.公司在你犯错的时候绝对不会常有“改了就好”的道理。

3.领导不是老师，他是你的仲裁者，不是引导者。

图5-12

游戏公司不是艺术机构

1.艺术工作在游戏行业里永远没有程序重要。

2.公司永远不会给画家署名权。

3.没有人在乎你的艺术理念，市场与策划说了才算。

4.工作绝对千篇一律，不可能换着花样让你高兴。

5.美术风格上的创新永远不如恪守标准重要。

图5-13

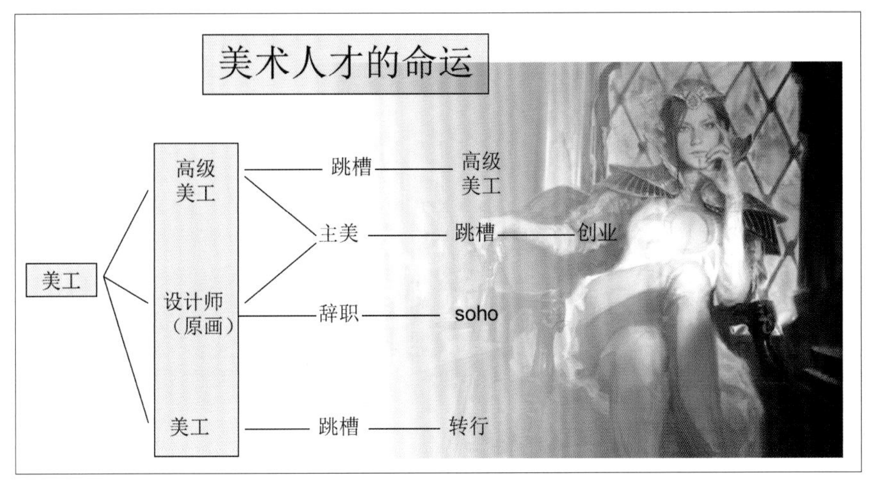

图5-14

由你一个人完成。比如和客户谈判，自己规划创作的周期，自己管理经济和账目，等等。

常常见到一些SOHO失败，在家宅了一段时间又乖乖回去上班的朋友。我只想说，SOHO并不适合所有人。

图示5-14的左边是一个在某游戏公司工作的美工的职业更迭案例。

二、游戏公司的商业本质

图5-15

图5-15是一位美工在公司里完成的图，是一种非常商业、非常规范的图。但是在工作之余，她并没有放弃自己的职业梦想，利用业余时间不断练习。之后，她变卖了自己在腾讯的股票，在家乡买了两套房子，过上了画家的生活。她采用水彩进行创作，创作了大猫镇等一系列优秀的水彩绘本作品。通过3年的奋斗，她顺利从一个游戏美工变成了一名职业画家。

她的成功就在于做好了准备，并不是盲目的冲动，然后抓住一些特殊的机遇，在经济上，时间点上都使自己处于主动的地位。

游戏公司中人才的成长规律

游戏公司中人才的成长会面临两个不同的道路，一种是转行，一种是升职。这个时候有人会问，是否有原地不动的呢？在这里用“大浪淘沙，不进则退”来形容吧。游戏美术始终是一个和时代紧密联系又需要付出很多体力的工作，而这些特点永远是属于年轻人的，如果你不求进，那么就只好退了。所以原地不动就是多浪费点时间的转行而已。

图5-17给我们展示了美术职位在游戏公司中的晋升轨道。

图5-18和图5-19是一个主美的招聘案例。从中我们可以看到对一个主美人员的要求主要体现在工作经验上，有些同学单纯地以为自己绘画技术好一点就可以担任主美的职务。其实，主美并非是画得最好的那个，而是可以带领并指导整个团队的管理人员。

主美通常是从技术部门的尖子中诞生，但是他们的主要工作不是画画，而是管理并指导绘画团队的运行。

所以很多游戏公司员工走了无所谓，但是主美走了就麻烦了。这也是他们使用高薪留人的主要原因。

当然，除了管理经验的逐步培养外，各种层次的实战能力的综合素养是主美们

在游戏公司中人才如何成长？

1.专才到全才之路。

2.明确两个大目标，看清你的分岔路。

3.做人与做事并进。

4.立足工作，放眼四周。

图5-16

美术职位的晋升之路

大浪淘沙、不进则退

1.美工
↓
2.组长
↓
3.主美
↓
4.美术经理
↓
5.艺术总监

图5-17

主美的招聘案例

职位名称：某著名游戏公司高级美术师

招聘企业：某世界著名游戏公司　　企业性质：外商独资、外企办事处
所属行业：计算机软件　　企业规模：100～499人

职位年薪：16～20万　　职位分类：游戏设计与开发
工作地点：上海　　工作年限：7年以上
性别要求：不限　　下属人数：人
学历要求：不限　　汇报对象：Artist manager
年龄要求：30～40　　晋升空间：部门经理

图5-18

主美职位描述：

工作职责：
1.带领美术团队通过草图设计、三维建模、贴图、灯光、数据优化、修改bug等方法和手段高质量地完成游戏项目。
2.配合游戏制作人设定游戏的美术风格。
3.游戏美术团队日常管理。
4.根据不同游戏平台的要求，合理优化游戏美术数据。
5.指导初级美术设计师。
6.招聘美术设计人员。
职位要求：
1.能熟练使用三维设计软件（3Ds max,maya），了解游戏引擎美术相关技术。
2.具有良好的手绘能力，能熟练运用Photoshop、Painter等2D图形软件。
3.3年以上的游戏开发经验，1年以上美术主管级游戏开发经验，参与过至少一个已发行游戏的完整开发。
3.熟悉游戏开发完整流程。
4.具有优良的领导能力和团队管理沟通技巧。
5.具备良好的英文能力。

图5-19

必须具备的。

这里涉及一个深度与广度的问题。比如在3D问题上，主美们都需要懂行，但是你不需要做得像职业的3D制作人员那样熟练。所以在主美的行业里往往有这样一句话:深度一厘米，宽度一公里!

游戏公司的工作环境以及生活节奏：图5-20为暴雪公司的厨房，图5-21为暴雪公司的办公室，图5-22为腾讯公司的工作室，图5-23为腾讯公司的户外运动场地。

图5-20

图5-21

图5-22

图5-23

那么进入游戏公司会是怎么样的一种环境和生活节奏呢?

当然这里要说明的是，每个公司的具体情况自然有所不同，但是概括起来有以下几个共通的特点：

1.游戏公司通常都比较有钱，所以办公环境比较优越。同时公司希望你不断地加班，所以会让公司里面的各种生活设施都是齐全的。这样，你足不出户就可以获得所有的生活所需。图示里你可以看到很多公司里都有厨房、餐厅、自动贩卖机等设施。

2.公司为了丰富员工的业余生活，同时增强团队的凝聚力与团队成员之间的相互认同感，会组织各式各样的业余爱好团体，比如舞蹈社、电竞社等。所以很多同学进入公司后会觉得和大学很像。

三、游戏公司考试的基本能力与素质分析

如果我们想进入公司就得参加招聘。招聘的形式一般有两种：校招和社招，如图5-24。

这两种招聘的本质是不同的。校招主要针对应届毕业生，如果不是应届毕业生，很多公司往往不会通过校招渠道接收往届毕业生。校招的难度不高，只要能够达到基本的美术要求即可，但是其入职的待遇往往不高。

社招顾名思义就是社会招聘。主要招聘有一定工作经验的从业者。对于没有经验的新人会有相当的难度。校招的新人，一些公司会给予培训，使其能够具有相应的岗位能力。但是社招是不太可能进行培训的，社招需要的是马上能上岗工作的人才。

图5-24给我们展示了“游戏公司考试的基本能力与素质分析”，包括：1.招聘形式；2.考试形式；3.考试内容。

从网游设计本身的内容分类来讲应聘者需要准备的有：

1.主角设计。

2.NPC设计。

3.怪物设计。

4.BOSS设计。

5.坐骑设计。

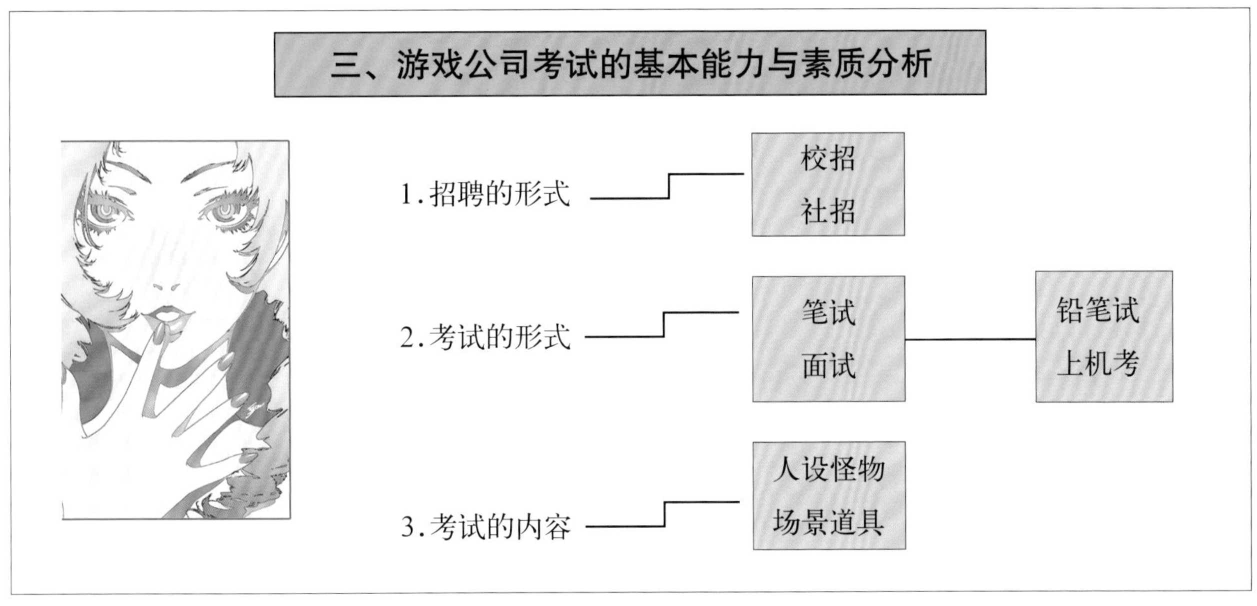

图5-24

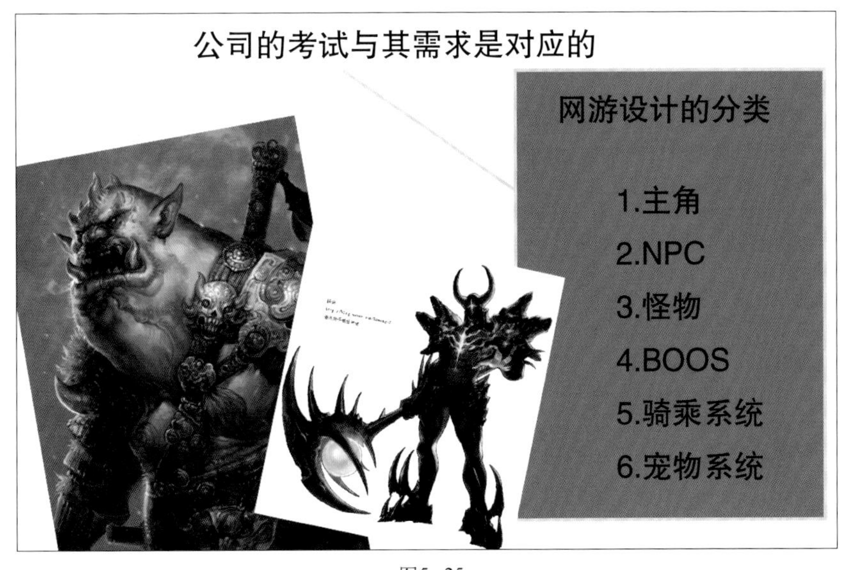

图5-25

6.宠物设计。

所以考试的准备也得按照这六个方面来准备，这样游戏公司一看到你的应聘资料就会有很强的认同感，见图5-25。

以上是游戏美术考试的试题范例，从中我们可以看到范例本身会有很多的迷惑性的词汇在里面。但是总的来讲，无非就是我们前面所提及的那六大类型中的一个，见图5-26和图5-27。

游戏公司对人才的要求没有什么艺术化的特征，概括起来就是一句话：作品表现风格要成套路化，创作速度要快，如图5-28。

四、考试集训如何安排

考试决定着从业人员的第一份工作，而第一份工作的优劣也决定着就业平台的起点。不同的起点，决定着不同的人生。

CIN 游戏美术考试试题库			
项目名称	铁匠	文化背景	不限
造型风格	写实/Q版不限		
创作要求：			
一张人设图，2张人物动态小稿。 人设贴切，细部清晰。动态能反映人物职业特点。			
使用工具：			
0.5 自动铅笔，传统铅笔，尺子，橡皮，A4 复印纸			
纸张：A4	创作时间：3 个小时	来源：搜狐	

图5-26

CIN 游戏美术考试试题库			
项目名称	霸刀派帮主之女——柳月昕	文化背景	唐朝
造型风格	写实		
创作描述：			
15-16 岁的样子，性格高傲骄横，但也不乏可人之处。相貌娇美，微笑起来左脸颊露出一个可爱的梨花窝。自小学习雪影刀法，武功不错，腰间别一把精致短刀。红色的外套在灵动身段衬托下犹如一抹鲜红的绸带。			
创作要求：			
人设贴切，细部清晰。动态能反映人物特点。			
使用工具：			
0.5 自动铅笔，传统铅笔，尺子，橡皮，A4 复印纸			
纸张：A4	创作时间：3 个小时	来源：金山	

图5-27

三、游戏公司考试的基本能力与素质分析

表现风格成套路，创作速度快。

图5-28

应试的重要性，决定你命运的考试！

图5-29

四、考前集训如何安排

1.公司需要什么，我们就准备什么。

2.把绘画思维转换到设计思维。

3.死记硬背。

图5-30

所以认真地对待你的就业前的集训非常重要。也是我为何强烈建议从业者在就业前一定要有计划地封闭训练一段时间，时间以四五个月为宜。

如图5-30，针对考前集训的安排，我们归纳以下三点核心思想：

1.公司需要什么，我们就准备什么。

2.把绘画思维转换为设计思维。

3.死记硬背很重要。

这里着重讲一下最后一点。有些同学带着一种理想化的观点，认为必须要把基础锻炼得非常扎实了才能去就业。其实不然，绘画技能的进步是在不同的环境下，以迂回曲折的方式进行的。并不是理想化的一条直线式的。所以能否进入行业就成了非常重要的一个指标。那么如何才能让公司对你的作品有认同感呢？根本来讲就是要画公司画过的作品风格。而这与绘画教学不同的是，绘画教学反对死记硬背，而游戏美术的入门核心理念就是死记硬背。只有死记硬背才能帮助你快速地掌握各种经典的画法。

如图5-31为一个成功应聘者的案例。2005年腾讯公司到四川美术学院招聘，获得认可的只有一

图5-31

4. 对人物职业类型化表达的掌握
精灵
矮人
雇佣兵
骑士
法师
刺客
蛮族
女巫
拳法士
魔神

图5—32

人物局部固定画法的测评
20分钟默写人物头像测试

图5—33

个女生。此人大学期间并没有学习什么离奇古怪的画法和技能，仅仅做了一件事情，就是把一套成熟的画风背熟。人物造型的风格已经通过默写日式风格的造型变得非常成熟。

结果在招聘考试上，她在2小时的测试中脱颖而出，以成熟可靠的画风获得了第一份工作。很多同学和老师都不重视这种扎扎实实的背画在学生职业生涯中所起的作用。他们盲目地夸大天马行空的创作所带来的美好感觉，却看不到日积月累的效果。

所以学习画法和背单词一样，谁的积累越多，谁就能在职业领域内进步更快！

在设计相关的训练时，我们可以从两个方面入手。第一是对于特定的职业画法的记忆。我们让学生把游戏人物设计进行分类，分类的前提和标准在前面的章节里已经做了讲述。然后，出类似“战士”“野蛮人”这样的题目，让他们进行默写的设计，如图5-32所示。

也可以广泛开展20分钟默写头像速写的训练，让学生大量记忆各种不同角度、不同人物性别以及不同表情的人物面孔，如图5-33。

但值得提醒的是，最后的作品需要学生们与范本进行一个深入的对比，写出自己的心得体会以及哪些部分画得有问题，这样才能获得真正的进步。

（一）集训中不可取的形式

画面列举出了在集训中不可取的例子。这类的作品虽然效果很好，但是太过于复杂。公司本身的招聘要求对于新人没有那么高，再加上时间有限，所以在集训的时候不可过多采用，如图5-34和图5-35，这类构图大、光源复杂、接近绘画的范本进行训练，会得不偿失。

图5-34

图5-35

（二）集训中应重点掌握的项目

1.人物套装。

以下列举了集训中学生应该重点强化的类型，如图5−36～图5−38所示。这些类型不但要了解，更要进行强化训练。

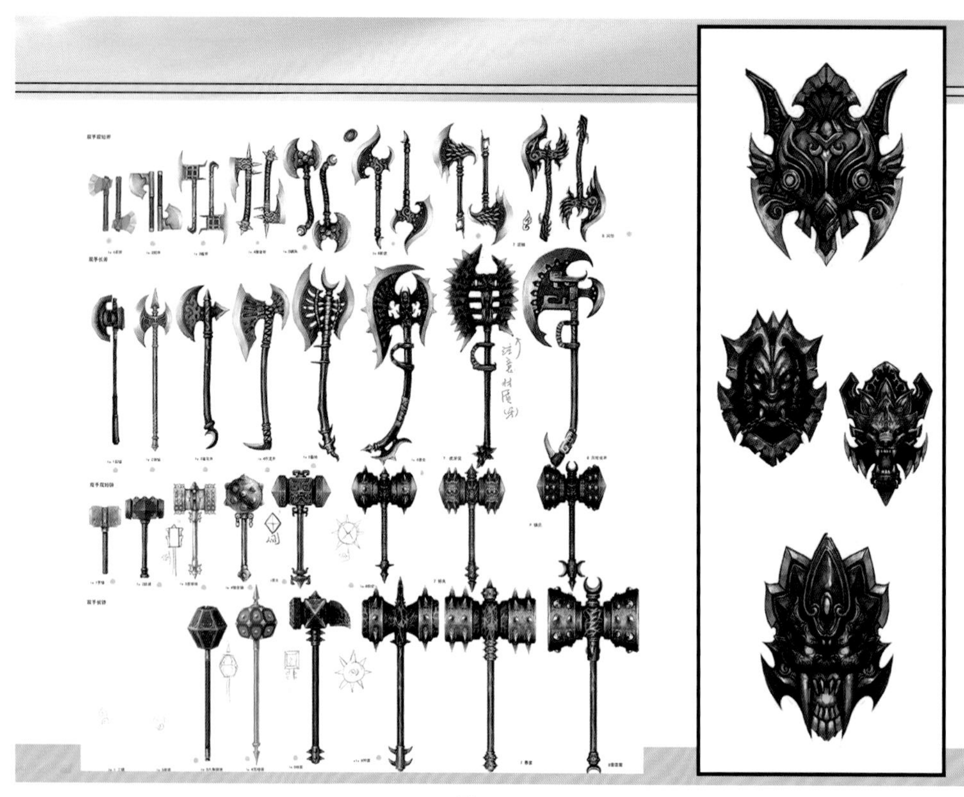

图5−36

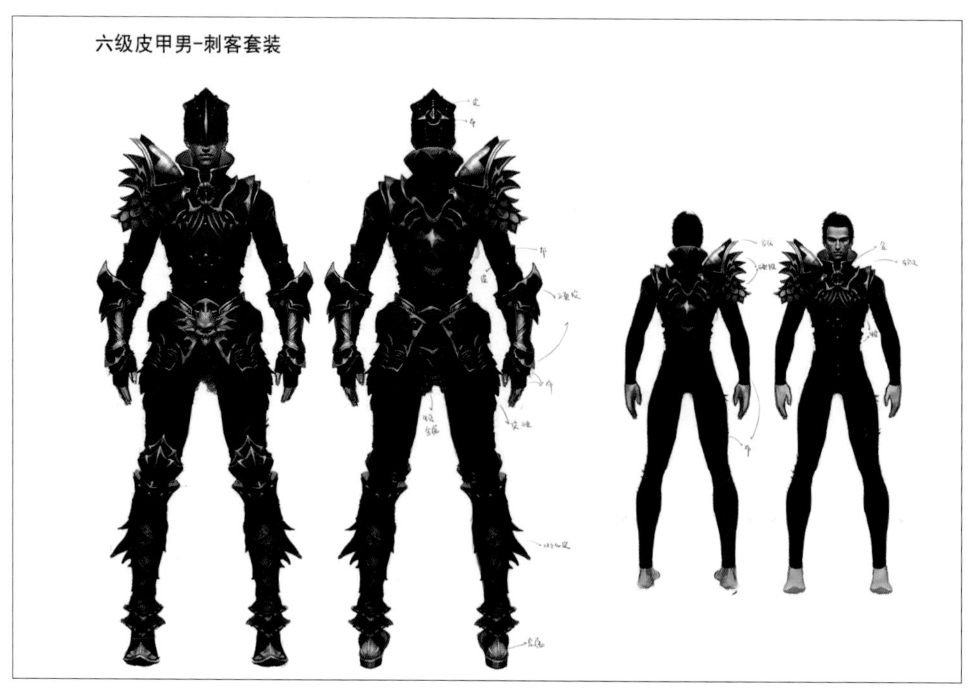

图5−37

图5-38

2.Q版人物。

Q版人物是公司的一大主要需求，所以完成Q版人物的设计是公司求职训练的一大练习，如图5-39。

图5-39

3.NPC设计。

NPC指的是在游戏中那些不由人控制的电脑角色，这些角色的设计在游戏公司中是非常有需求的，如图5-40怪物NPC、图5-41角色NPC。

图5-40

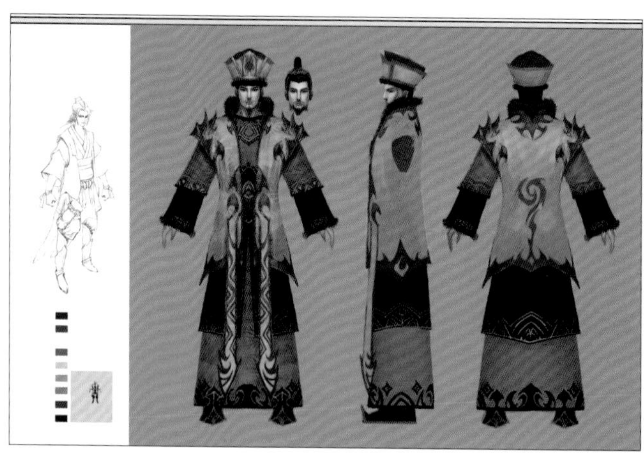

图5-41

除以上面说的几类，还可以作一些场景方面的训练，如图5-42、图5-43。

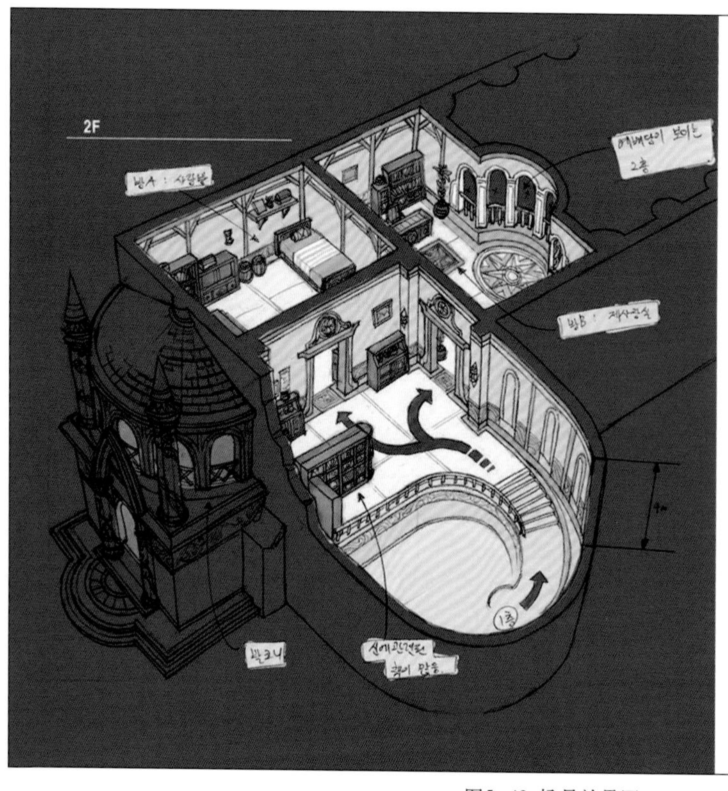

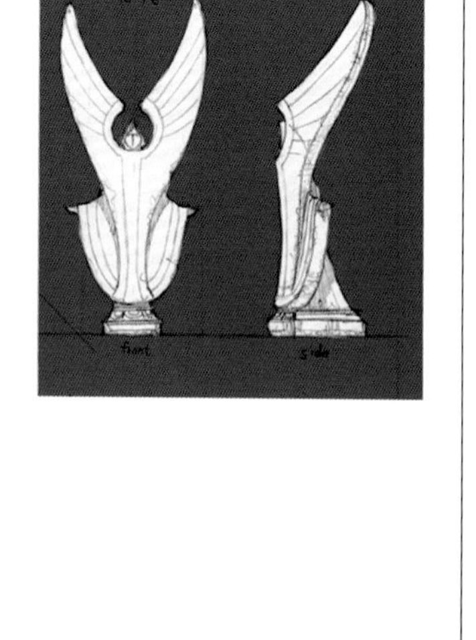

图5-42 场景效果图

图5-43

集训的核心理念

1. 大量的游戏美术需要的是场景、怪物和道具，不要盲目追求画人设，特别是写实人设。
2. 训练一定要集中而反复，切忌蜻蜓点水。

考试安排与定时训练

上午考试，当天公布能够被录取的名单。下午和晚上练习，总结。

学会适应考试时的紧张与压力。

见识各种考题（CIN游戏美术试题库）。

（三）应聘考试分析

应聘考试的时间一般笔试时间不会超过3小时，保守一些的时间是2小时。所以训练时要针对2小时进行。那么这2小时如何分配呢？首先是13分钟给出人物的骨骼。关于骨骼的重要性我在前面已经强调了很多。如果15分钟内还不能概括出骨骼造型的大致轮廓，那么考试就可能失败。

之后到35分钟时完成人物的初步影像，到75分钟时完成设计稿，剩下的时间慢慢描线，如图5-44所示。记得，描线的时间一定要留够，切忌慌乱。因为线条是外表，是给人的第一印象。很多同学失败的原因往往就在于不重视线条。

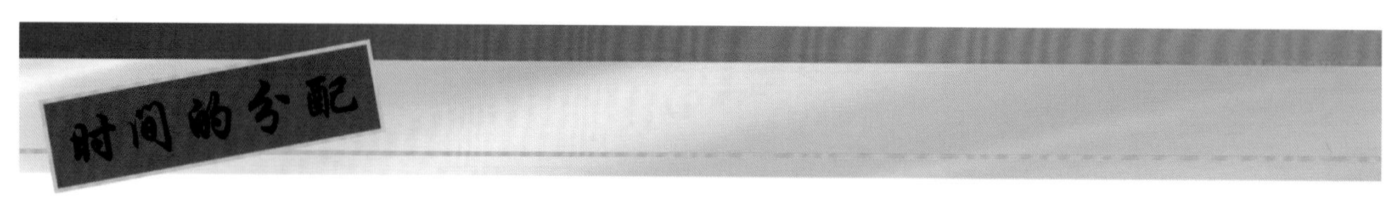

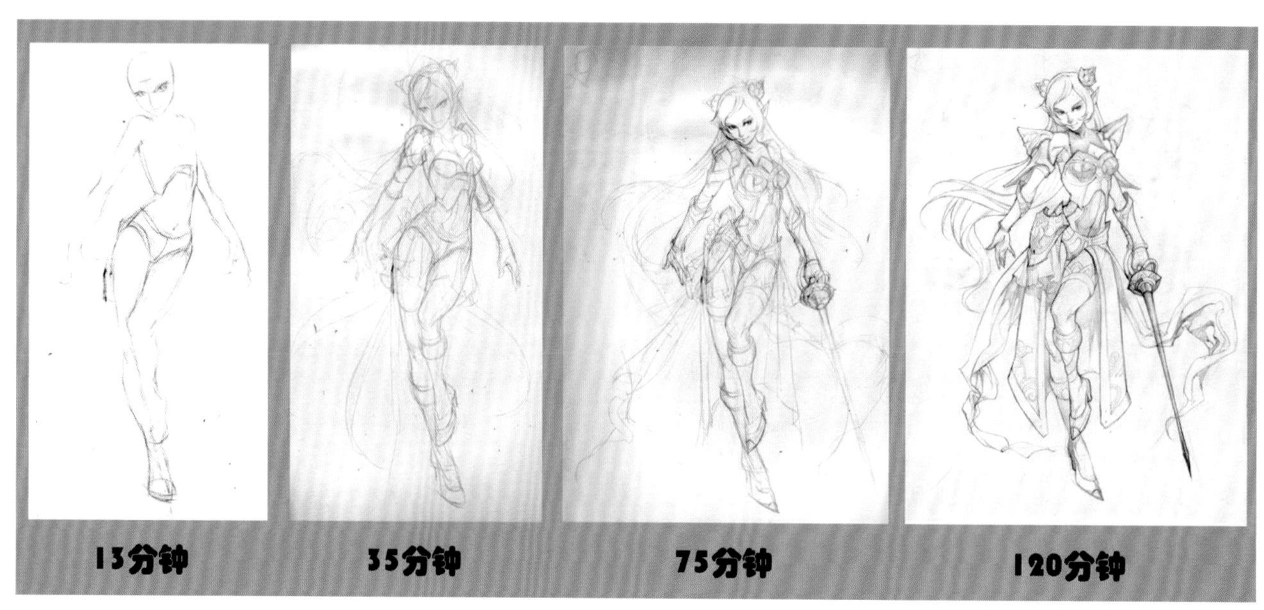

图5-44

骨骼（如图5-45）和颜色（如图5-46）都是需要在参加应聘考试前提前背诵的。具体背哪一些呢？可以准备男性女性骨骼各背2套，颜色配色冷色系、暖色系各背一套。

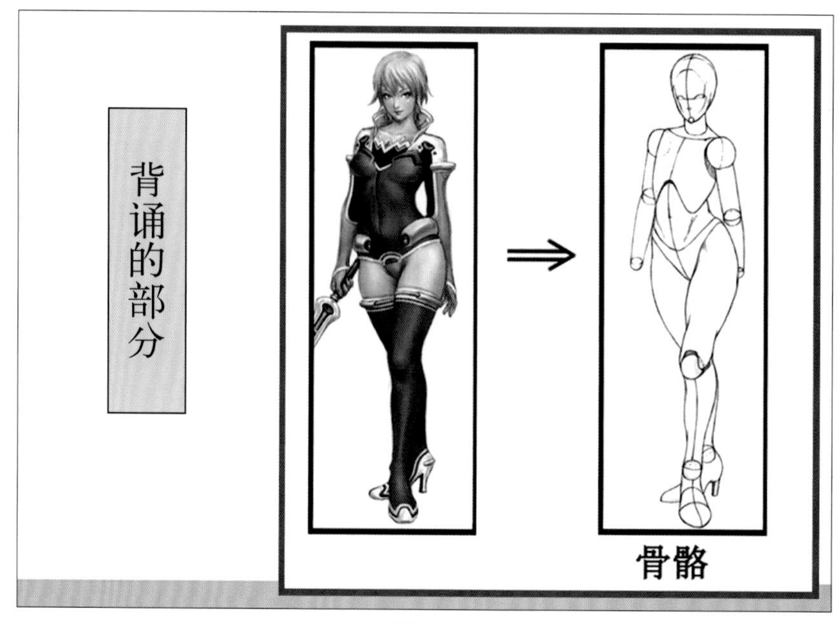

图5-45

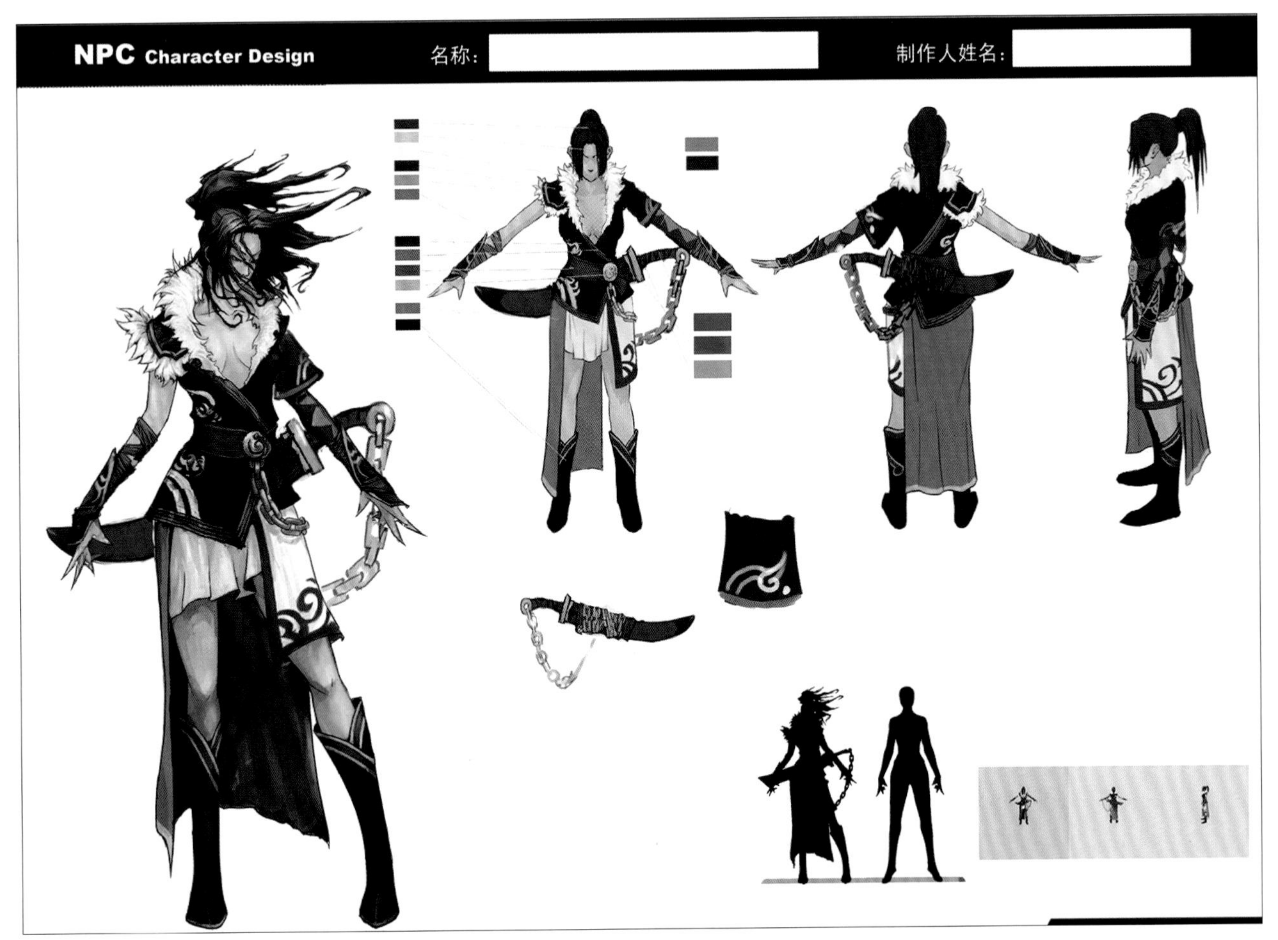

图5-46

（四）课后作业范例

以下是一些CIN学员考试作品的范例，如图5-47～图5-49。

图5-47

图5-48

图5-49

最后我们总结了如何才能找到适合自己的游戏公司的六个大点，希望同学们好好记住。

如何才能找到适合自己的游戏公司

1. 不要把进大公司作为唯一的目标。
2. 主动出击，“会哭的孩子有奶吃”。
3. 量力而行，不要好高骛远。
4. 积极准备，熟练应试技巧。
5. 扩大人脉，广泛搜罗信息。
6. 先就业再择业。

思考与练习

1. 收集并整理现有的游戏美术作品，然后按照光盘里所给的《标准的就业应聘作品册》进行排版参考，看看还需要哪些作品，进行有针对性的补充。

2. 从网络上收集并整理各大游戏公司的联系方式，投放你的作品册，同时开始做各种测试。通过测试进一步完善你的作品。

3. 建立一个自己的博客，将自己的创作心得和作品放到上面，与网友互动，我想你会收获意想不到的惊喜。

后记

各位朋友：我们的书到现在已经进入了一个尾声。在前面，你们已经了解了游戏原画制作的方方面面的东西，虽然技巧方面还不能算是面面俱到，软件的功能介绍由于不是本书的重点也没有花太大的篇幅。但是思想方法我已经教给大家了。也正是基于这样的思维方法，让我从一个完全不懂美术的人，在几年快速成长为可以给大家写教程的老师。

回想以前刚刚进入美术学院的时候，我的基础也很差，只突击了3个月就考上了四川美术学院。在刚入学的同龄人中，我的基础和能力也平平。但是到今天，我可以说在CG插图方面我还是有了一些研究成果。这个一方面除了自己的努力外，还得益于我通过理性的思维方式获得了认识和学习CG的方法。所以你完全不用担心自己的基础差或自己的能力不足，相信你能从这本教程里面获得你想要的东西。

我希望最好的结果是大家能够在我的书中体会那些办法后面的思维方式，而不是办法本身，因为办法是可以根据时间、地点以及其他具体的情况自己创造的。很多朋友在网络上惊叹同行的技巧高明，惊叹同行的思维新奇，其实在我看来，不如多想想为什么他能做成这样，而我不能。我就是这样想了四年，分析了四年，所以我得到了独特的绘画理念和思维。而那样的思维会成就我的一生。我可以毫不夸张地说，已经没有绘画作品能让我感到惊奇了，因为我已经看过了大部分优秀的绘画作品，从文艺复兴到现代，历代的大师作品已经带给我太多的感叹。所以，有朋友对我说，某某某是高手，画得不错，我说不可能有多好。因为我资料夹里收集的，都是全世界最好的作品了。所以我一直以大师为目标。尽管，我和你们一样，需要走的路还很长很长，但是我可以肯定，以60分为目标的人，有可能不及格；以80分为目标的人，马马虎虎；只有以120，乃至150分为目标的人，才可能得到满分的成绩。

希望我的书能给高校的在校美术大学生，或者那些已经奋战在CG前线的朋友们，甚至在家里凭着一腔热血的爱好者，以切实可行的帮助。职业是值得你一辈子投入的事情，没有激情就没有回报。并且我始终认为，一个人的成功，不如一群人的成功，因为一群人的成功意味着行业的复兴，那是几代中国商业美术从业者的梦。